化学工程与工艺专业实验

主　编　李忠铭
副主编　晋　梅
参　编　万　昆　　王晋黄　　吴宇琼
　　　　张建琪　　刘红姣　　彭湘红
　　　　刘学清　　周富荣　　方　文

华中科技大学出版社
中国·武汉

内 容 提 要

本书是按照高等学校化学工程与工艺专业本科专业规范、培养方案和课程教学大纲、实验教学大纲的要求,结合校级实验教学改革实践而编写的实验教材。本书从提高学生专业知识素质与创新能力的角度出发,在编写内容上以一些联系生产实际的综合性、研究性设计实验项目为主,尝试从专业实验环节强化上述能力的训练和培养。

全书主要包括三部分。第一部分为实验基础,介绍实验设计与数据处理、实验室安全方面的基本知识与技能;第二部分为综合性专业实验,第三部分为研究性实验,介绍典型的工程学与工艺学实验,通过实验目的、实验原理、实验装置及实验步骤等内容的学习,使学生能够独立完成实验。为了更好地指导学生的专业实验,本书在综合性专业实验和研究性实验中增加了实验案例,并附有常用的气液物性等内容,以便于学生自主设计实验。本书还增加了过程控制方面的综合性实验等内容,以便于增强学生的工程应用能力和化工过程控制能力。

本书可作为高等学校化学工程与工艺专业的实验教材,也可作为高职类工科院校相关专业的实验教学参考书,对从事化工、生物、环境、精细化学品等领域科研工作的技术人员也有一定的参考价值。

图书在版编目(CIP)数据

化学工程与工艺专业实验/李忠铭 主编.—武汉:华中科技大学出版社,2013.9
ISBN 978-7-5609-9231-0

Ⅰ.化… Ⅱ.李… Ⅲ.化学工程-化学实验-高等学校-教材 Ⅳ.TQ016

中国版本图书馆 CIP 数据核字(2013)第 159302 号

化学工程与工艺专业实验   李忠铭 主编

策划编辑:王新华
责任编辑:王新华
责任校对:祝 菲
责任监印:周治超
出版发行:华中科技大学出版社(中国·武汉)
     武昌喻家山   邮编:430074   电话:(027)81321915
录 排:武汉正风天下文化发展有限公司
印 刷:华中理工大学印刷厂
开 本:710mm×1000mm 1/16
印 张:9.25
字 数:193 千字
版 次:2013 年 9 月第 1 版第 1 次印刷
定 价:28.00 元

前　　言

工程实践能力的培养是化学工程与工艺专业培养方案的重要内容和主要任务之一。化学工程与工艺专业实验课程是以基础理论为依据,模拟生产实际过程的实践性课程,其内容涉及化学反应工程、分离工程、化工工艺、化工传递过程等多方面的专业知识,与生产实际联系紧密。开设本课程的目的是使学生掌握化学工程与工艺专业的实验技术和实验研究方法。具体来讲,通过本课程的学习,要求学生达到以下六方面的要求:

(1)掌握专业实验的基本技术和操作技能;

(2)学会专业实验主要仪器和装备的使用方法;

(3)了解本专业实验研究的基本方法;

(4)培养分析问题和解决问题的能力;

(5)培养理论联系实际、实事求是的学风;

(6)提高自学能力、独立思考能力与创新能力。

化学工程与工艺专业实验不同于理论教学,也有别于基础课程的实验。它具有更强的化学工程与工艺背景,实验流程较长,规模较大,学生需要通过较为系统的实验室工作来培养自己的动手能力、分析问题的能力与创新思维,训练自己参加科学研究的能力。化学工程与工艺专业实验课程面向化学工程与工艺专业高年级学生开设,在技术基础课和专业课程全部学完之后、毕业环节尚未开始之前这一阶段进行,既是先行课程的综合复习,又是后续学业的必要先导,是一个极其重要的综合能力训练的实验课程。

本书以"训练学生科学思维方法,培养学生实践能力、研究能力和创新能力"为目的,设置实验的指导思想是使专业实验课成为学生运用理论知识解决实际问题的学习课堂,使实验室成为培养学生动手能力和创新能力的场所;改变实验教学中统一规定实验内容和实验方法、学生被动接收信息的状况,强调自主学习。学生在完成基础实验训练的基础上,部分实验可根据实验要求和实验条件,通过查阅资料、理论分析、模拟实验等过程,自主设计方案、完成实验。全书分为实验基础、综合性专业实验和研究性实验三部分。在实验基础部分,针对析因设计法、正交设计法、序贯设计法、均匀设计法和配方设计法等几种典型的实验设计方法进行阐述,并对实验过程中的误差、实验数据的表达方法以及实验数据的处理进行了详细的阐述。综合性专业实验由化工热力学、反应工程、化工工艺、分离工程等课程实验组合而成,要求学生运用分析技术获得实验数据。综合性专业实验的实例中有些侧重于对专业理论知识的运用,使学生加深对理论知识的理解;有些实验着眼于模拟生产实际过程,以提高学生对工程和工艺问题的认识。在选择实验案例时,充分考虑了工程学与工艺学实验的适当平衡,并特别注意实验内容的典型性和先进性,涉及的知识面较广,对学生的能力培养和素质训练非常有利。在工程学方面,分别考虑了反应工程、分离工程、传递过程等化学工程学科的需要,安排了连续流动反应器中的返混测定、填料塔分离效率的测定、固体小球对流传热系数的测定、氨水系统气液相平衡数据的测定、变压吸附实验、气液传质系数测定、膜分离技术的应用等实验。在工艺学方面,为使学生通过实验了解有关工艺中的单元过程,安排了乙苯脱氢制备苯乙烯、反应精馏实验以及气固相催化反应等实验。研究性实验涉及产品的合成与开发等,需要由学生按照要求提出方案,进行实验设计并自己搭建或改造实验装置,采集和处理数据,以及对实验结果进行分析。

现代化工生产中"在线监测、自动控制"的作用十分重要,对能源综合利用的要求也越来越高。为了更进一步完善化工专业实验内容,本书融入了过程控制方面的内容,如过程控制系统组成认识实验和制冷(热)系统故障检测实验,可使学生对与化工联系紧密的生产过程控制系统的基本结构、对过程控制的典型参数(如液位、流量、压力、温度)有一个深刻的认识,并通过实验训练学生综合分析问题的能力。

对于本书中的实验,建议抓好以下环节:

(1)实验预习　学生应结合实验所列思考题,了解每个实验的目的、原理、流程、装备与控制,并对实验步骤、实验数据采集与处理方法有所了解。教师应在学生实验前通过多种方式检查学生的预习情况,达到要求后方可让学生进入实验室进行实验。

(2)实验过程　在安排实验方案的基础上,精心调整实验条件,细心观察实验现象,正确记录实验数据。教师有责任指导学生正确使用实验仪器,并督促学生严格采集实验数据,养成优良的实事求是的学风。要求学生不涂改记录,不伪造实验数据。实验过程中教师应着重引导学生根据实验现象提出问题、分析问题并解决问题。

(3)实验报告　实验完成后,学生应认真、独立撰写实验报告。实验报告应做到层次分明、数据完整、计算正确、结论明确、图表规范、讨论深入。要重视实验讨论环节,以培养学生的创新思维能力。

本书由江汉大学化学工程与工艺专业的教师共同编写,李忠铭主编,晋梅为副主编,具体的编写分工如下:第一部分由李忠铭、晋梅编写;第二部分由李忠铭、万昆、王晋黄、吴宇琼、张建琪、刘红姣编写;第三部分由彭湘红、刘学清、周富荣编写;附录由李忠铭、晋梅整理;方文完成了文字整理工作。

由于编者的水平和本校实验设备所限,本书定有不少欠缺之处,欢迎读者批评指正。

编　者

目　　录

第一部分　实验基础

第一节　实验设计与数据处理

在科学研究中,经常需要通过实验来寻找研究对象的变化规律,如如何提高产率、降低消耗、提高产品性能和质量等,特别是新产品更是如此。

只有科学地进行实验设计,才能用较少的实验次数,在较短的时间内达到预期的实验目标;反之,不合理的实验设计,往往会浪费大量的人力、物力和财力,甚至劳而无功。另外,随着实验的进行,会得到大量的实验数据,只有对实验数据进行合理的分析和处理,才能获得研究对象的变化规律,达到实验的目的。可见,最优实验方案的获得,必须兼顾实验设计方法和数据处理两方面,两者相辅相成。

一、实验设计

在实验设计前,首先应对所研究的问题有一个深入的认识,如实验目的、影响实验结果的因素、每个因素的变化范围等,然后才能选择合理的实验设计方法,达到科学安排实验的目的。在科学实验中,实验设计一方面可以减少实验过程的盲目性,使实验过程更有计划,另一方面还可以从众多的实验方案中,按一定的规律挑选出少数具有代表性的实验。

根据确定的实验内容,拟定一个具体的实验安排表来指导实验的进程。化学工程与工艺专业实验通常涉及多变量多水平的实验设计,由于不同变量、不同水平所构成的实验点在操作可行域中的位置不同,对实验结果的影响也不同,因此,合理地安排和组织实验,用最少的实验获取有价值的实验结果,成为实验设计的主要内容。

实验设计方法的研究经历了经验向科学的发展过程,其中具有代表性的有析因设计法、正交设计法、序贯设计法、均匀设计法和配方设计法。

1. 析因设计法

析因设计也叫做全因子实验设计,就是实验中所涉及的全部实验因素的各水平全面组合形成不同的实验条件,每个实验条件下进行两次或两次以上的独立重复实验。析因设计法是一种多因素的交叉分组设计方法,它不仅可检验每个因素各水平间的差异,而且可检验各因素间的交互作用。两个或多个因素如存在交互作用,表示各因素不是各自独立的,而是一个因素的水平有改变时,另一个或几个因素的效应也相应有所改变;反之,如不存在交互作用,表示各因素具有独立性,一个因素的水平有所改变时不影响其他因素的效应。析因设计可以提供三方面的重要信息:①各因素不同水平的效应大小;②各因素间的交互作用;③通过比较各种组合,找出最佳组合。

　　析因设计要求每个因素的不同水平都要进行组合,因此对剖析因素与效应之间的关系比较透彻,当因素数目和水平数都不太大,且效应与因素之间的关系比较复杂时,常常被推荐使用。析因设计具有如下特点:①同时观察多个因素的效应,提高了实验效率;②能够分析各因素间的交互作用;③容许一个因素在其他各因素的几个水平上来估计其效应,所得结论在实验条件的范围内是有效的。析因设计的最大优点是所获得的信息量很多,可准确地估计各实验因素的主效应的大小,还可估计因素之间各级交互作用效应的大小。最大缺点是当所考察的实验因素和水平较多时,需要较多的实验次数,因此耗费的人力、物力和时间也较多,如三个因素各有三个水平时,要进行的实验组数达到 $3 \times 3 \times 3 = 27$。一般因素数不超过 4,水平数不超过 3。

　　2. 正交设计法

　　正交设计法是研究多因素多水平的一种设计方法,它是根据正交性从全面实验中挑选出部分有代表性的点进行实验,这些有代表性的点具备了"均匀分散,齐整可比"的特点。正交设计法是分析因式设计的主要方法,是一种高效率、快速、经济的实验设计方法。日本著名的统计学家田口玄一将正交实验选择的水平组合列成表格,称为正交表。例如做一个三因素三水平的实验,按全面实验要求,须进行 $3^3 = 27$ 种组合实验,且尚未考虑每一组合的重复数。若按 $L_9(3^3)$ 正交表安排实验,只需进行 9 次实验,这就大大减少了工作量。因此,正交设计在很多领域的研究中已经得到广泛应用。

　　正交设计法根据正交配置的原则,从各因子、各水平的可行域空间中选择最有代表性的搭配来组织实验,综合考察各因子的影响。正交表是根据正交原理设计的,已规范化的表格是正交设计中安排实验和分析实验结果的基本工具。正交表的表示方法为 $L_n(K^N)$,其中,L 表示正交表的代号,n 表示实验的次数,K 表示实验水平数,N 表示列数,也就是可能安排最多的因素个数。

　　用正交表安排实验具有两个特点,充分地体现了正交表的两大优越性,这两个特点就是"均匀分散性,整齐可比"。①每一列中,不同的数字出现的次数相等。例如,在两水平正交表中,任何一列都有数码"1"与"2",且任何一列中它们出现的次数是相等的;在三水平正交表中,任何一列都有"1""2""3",且在任一列的出现次数均相等。②任意两列中数字的排列方式齐全且均衡。例如在两水平正交表中,任何两列(同一横行内)有序对子共有 4 种:(1,1)、(1,2)、(2,1)、(2,2)。每种对数出现次数相等。在三水平情况下,任何两列(同一横行内)有序对共有 9 种,即(1,1)、(1,2)、(1,3)、(2,1)、(2,2)、(2,3)、(3,1)、(3,2)、(3,3),且每对出现次数也均相等。由于正交表的设计有严格的数学理论作为依据，从统计学的角度充分考虑了实验点的代表性、因子水平搭配的均衡性以及实验结果的精度等，所以用正交表安排实验具有实验次数少、数据准确、结果可信度高等优点，在多因子多水平工艺实验的操作条件寻优、反应动力学方程的研究中经常采用。

正交设计包括两部分：一是实验设计，二是数据处理。基本步骤可简单归纳如下。

（1）明确实验目的，确定评价指标。

任何一个实验都是为了解决一个或若干个问题而进行的，所以任何一个正交实验都应该有一个明确的目的。

实验指标是正交实验中用来衡量实验结果的特征量。实验指标有定量指标和定性指标两种。定量指标是直接用数量表示的指标，如产量、效率、尺寸、强度等；定性指标是不能直接用数量表示的指标，如颜色、手感、外观等表示实验结果特征的值。

（2）挑选因素，确定水平。

影响实验指标的因素往往很多，但由于实验条件所限，不可能全面考察，所以应对实际问题进行具体分析，并根据实验目的，选出主要因素，略去次要因素，以减少要考察的因素数。挑选的实验因素不应过多，一般以 3～7 个为宜，以免加大无效实验工作量。若第一轮实验后达不到预期目的，可在第一轮实验的基础上，调整实验因素，再进行实验。

确定因素的水平数时，一般重要因素可多取一些水平；各水平的数值应适当拉开，以利于对实验结果的分析。当因素的水平数相等时，有利于实验数据处理。最后，列出因素水平表。

以上两点主要根据专业知识和实践经验来确定，是正交设计的基础。

（3）选正交表，进行表头设计。

根据实验因素数和水平数来选择合适的正交表。一般要求，实验因素数≤正交表列数，实验因素的水平数与正交表对应的水平数一致，在满足上述条件的前提下，可选择较小的表。例如，对于 4 因素 3 水平的实验，满足要求的表有 $L_9(3^4)$、$L_{27}(3^{13})$等，一般可以选择 $L_9(3^4)$。但是如果要求精度高，并且实验条件允许，可以选择较大的表。若各实验因素的水平数不相等，一般应选用相应的混合水平正交表；若考虑实验因素间的交互作用，应根据交互作用的多少和交互作用安排原则选用正交表。

表头设计就是将实验因素安排到所选正交表相应列中。当实验因素数等于正交表列数时，优先将水平改变较困难的因素放在第 1 列，水平变换容易的因素放到最后一列，其余因素可任意安排；当实验因素数小于正交表列数，表中有空列时，若不考虑交互作用，空列可作为误差列，其位置一般放在中间或靠后。

（4）明确实验方案，进行实验，得到结果。

根据正交表和表头设计确定每个实验的方案，然后进行实验，得到以实验指标形式表示的实验结果。

（5）对实验结果进行统计分析。

对正交实验结果的分析，通常采用两种方法：一种是直观分析法（或称极差分析法），另一种是方差分析法。通过实验结果分析可以得到因素主次顺序、优方案等有用信息。

（6）进行验证实验，做进一步分析。

优方案是通过统计分析得到的，还需要进行实验验证，以保证优方案与实际一致，否则还需要进行新的正交实验。

3. 序贯设计法

序贯设计法是一种更科学的实验方法，将最优化的设计思想融入实验设计中，采取边设计、边实施、边总结、边调整的循环运作模式。根据前期实验提供的信息，通过数据处理和寻优，搜索出最灵敏、最可靠、最有价值的实验点作为后续实验的内容，周而复始，直至得到理想的结果。这种方法既考虑了实验点因子水平组合的代表性，又考虑了实验点的最佳位置，使实验始终在效率最高的状态下运行，从而提高了实验结果的精度，缩短了研究周期。

序贯设计法可分为登山法和消去法两类。其中，登山法是逐步向最优化目标逼近的过程，就像登山一样朝山顶（最高峰）挺进；消去法则是不断地去除非优化的区域，使得优化目标存在的范围越来越小，就像去水抓鱼一样逐步缩小包围圈，最终获得优化实验条件。在单因素优选法中，常用的有黄金分割法、分数法、对分法和抛物线法；在多因素优选法中，常用的有最陡坡法、单纯形法和改进的单纯形调优法。

在化工过程开发的实验研究中，序贯设计法尤其适用于模型鉴别与参数估计类实验中。当采用序贯设计法进行实验设计时，实验设计、实验测定、数据处理这三个步骤是交叉进行的。

4. 均匀设计法

均匀设计法是由我国数学家方开泰教授和王元教授于 1978 年提出的。它是一种只考虑实验点在实验范围内均匀散布的一种实验设计方法。与正交设计类似，均匀设计也是通过一套精心设计的均匀表来安排实验的。由于均匀设计考虑了实验点的"均匀散布"，而不考虑"整齐可比"，因而可以大大减少实验次数，这是它与正交设计的最大不同之处。例如，在因素数为 5、各因素水平数为 31 的实验中，若采用正交设计来安排实验，则至少要做 $31^2 = 961$ 次实验，但若采用均匀设计，则只需要做 31次实验。可见，均匀设计在实验因素变化范围较大，需要取较多水平时，可以极大地减少实验次数。

用均匀表来安排实验与正交设计的步骤很相似，但也有一些不同之处。均匀设计的一般步骤如下：

（1）明确实验目的，确定实验指标。如果实验要考察多个指标，还要将各指标进行综合分析。

(2)选因素。根据实际经验和专业知识,挑选出对实验指标影响较大的因素。

(3)确定因素的水平。结合实验条件和以往的实践经验,先确定各因素的取值范围,然后在这个范围内取适当的水平。由于 U_n 奇数表的最后一行,各因素的最大水平序号相遇,如果各因素的水平序号与水平实际数值的大小顺序一致,则会出现所有因素的高水平或低水平相遇的情形,如果是化学反应,则可能出现因反应太剧烈而无法控制的现象,或者反应太慢,得不到实验结果。为了避免这些情况,可以随机排列因素的水平序号,另外使用 U_n^* 均匀表也可以避免上述情况。

(4)选择均匀表。这是均匀设计很关键的一步,一般根据实验的因素数和水平数来选择,并首选 U_n^* 表。但是,由于均匀设计实验结果多采用多元回归分析法,在选表时还应注意均匀表的实验次数与回归分析的关系。

(5)进行表头设计。根据实验的因素数和该均匀表对应的使用表,将各因素安排在均匀表相应的列中,如果是混合水平的均匀表,则可省去设计表头这一步。需要指出的是,均匀表中的空列,既不能安排交互作用,也不能用来估计实验误差,所以在分析实验结果时不用列出。

(6)明确实验方案,进行实验。其实验方案的确定与正交实验是类似的。

(7)实验结果统计分析。由于均匀表没有整齐可比性,实验结果不能用方差分析法,可采用直观分析法和回归分析法。

①直观分析法:如果实验目的只是为了寻找一个可行的实验方案或确定适宜的实验范围,就可以采用直观分析法,直接对所得到的几个实验结果进行比较,从中挑出实验指标最好的实验点。由于均匀设计的实验点分布均匀,用上述方法找到的实验点一般距离最佳实验点也不会很远,所以该法是一种非常有效的方法。

②回归分析法:均匀设计的回归分析是一般为多元回归分析,通过回归分析可以确定实验指标与影响因素之间的数学模型,确定因素的主次顺序和优方案等。但是根据实验数据推导数学模型,计算量大,一般需借助相关的计算机软件进行分析计算。

5. 配方设计法

配方问题是工业生产及科学实验中经常遇到的一类问题,在化工、医药、食品、材料等工业领域,许多产品都由多种组分按照一定的比例进行混合加工而成,这类产品的质量指标只与各组分的百分比相关,而与混料总量无关。为了提高产品质量,实验者要通过实验得到各种成分比例与指标的关系,以确定最佳的产品配方。

配方设计又称为混料实验设计,目的就是合理地选择少量的实验点,通过一些不同配比的实验,得到实验指标与成分之间的回归方程,并进一步探讨组成与实验指标之间的内在规律。配方设计的方法很多,如单纯形格子点设计、单纯形重心设计、配方均匀设计等。

在配方实验或混料实验中,如果用 y 表示实验指标,$x_1, x_2, \cdots, x_m$ 表示配方中 m 种组分各占的百分比,显然每个组分的比例必须是非负的,而且它们的总和必须是

1，所以混料约束条件为

$$x_j \geqslant 0, \quad j=1,2,\cdots,m$$
$$x_1 + x_2 + \cdots + x_m = 1$$

可见，在配方实验中，实验因素为各组分的百分比，而且是无因次的，这些因素一般是不独立的，所以往往不能直接使用前面介绍的用于独立变量的实验设计方法。

配方设计要建立实验指标 y 与混料系统中各组分 x_j 的回归方程，再利用回归方程来求取最佳配方。混料约束条件决定了混料配方设计中的数学模型，不同于一般回归设计中所采用的模型。同时，混料配方设计的回归分析具有自己的特点，最佳配方可以通过对回归方程的分析而获得。

单纯形格子点设计和单纯形重心设计虽然比较简单，但是实验点在实验范围内的分布并不十分均匀，且实验边界上的实验点过多，缺乏典型性。因此，常常采用均匀设计思想来进行配方设计，即配方均匀设计。

在配方问题中，各组分百分比的变化范围要受约束条件的限制，所以在几何上，各分量 x_j 的变化范围可由一个 $m-1$ 维正规单纯形来表示。正规单纯形的顶点代表单一成分组成的混料，棱上的点代表两种成分组成的混料，面上的点代表多于两种而少于或等于 m 种成分组成的混料，而单纯形内部的点则代表全部 m 种成分组成的混料。对于无约束的配方设计，m 种组分的实验范围是单纯形，如果需要比较 n 种不同的配方，这些配方对应单纯形中的 n 个点，配方均匀设计的思想就是使这 n 个点在单纯形中散布尽可能均匀。设计方案可用以下步骤获得：

（1）根据混料中的组分数 m 和实验次数 n，选择合适的等水平均匀表 U_n 或 U_n^* 表，这里要求均匀表中所能安排的因素数不小于 m，然后根据均匀表的使用表，选择相应的 $m-1$ 列进行变换。例如，若实验次数 $n=7$，组分数 $m=3$，则可以选择均匀表 $U_7(7^4)$ 或 $U_7^*(7^4)$ 中的 $m-1$ 列（第 1、3 列）进行变换。

（2）如果用 q_{ji} 表示所选均匀表第 j 列中的第 $i(i=1,2,\cdots,n)$ 个数，将这个数进行如下转换：

$$C_{ji} = \frac{2q_{ji}-1}{2n}, \quad j=1,2,\cdots,m-1$$

（3）将 $\{C_{ji}\}$ 转换成 $\{x_{ji}\}$，计算公式如下：

$$x_{ji} = (1 - C_{ji}^{\frac{1}{m-j}}) \prod_{k=1}^{j-1} C_{ki}^{\frac{1}{m-k}}$$
$$x_{mi} = \prod_{k=1}^{m-1} C_{ki}^{\frac{1}{m-k}}$$

上式中，$\prod$ 为连乘符。

于是 $\{x_{ji}\}$ 就给出了对应于 n、m 的配方均匀设计，并用代号 $UM_n(n^m)$ 或 $UM_n^*(n^m)$ 表示，其中 n 表示实验次数，m 表示组分数。

配方均匀表规定了每号实验中每种组分的百分比，这些实验点均匀地分散在实验范围内,用配方均匀设计安排好实验后,获得实验指标 $y_i(i=1,2,\cdots,n)$ 的值,实验结果的分析采用直观分析或回归分析。

二、数据处理

合理的实验设计只是实验成功的充分条件,如果没有实验数据的分析计算,就不可能对所研究的问题有一个明确的认识,也不可能从实验数据中寻找到规律性的信息,所以实验设计都是与一定的数据处理方法相对应的。实验数据处理在科学实验中的作用主要体现为如下几点:

(1)通过误差分析,可以评判实验数据的可靠性;

(2)确定影响实验结果的因素主次,从而可以抓住主要矛盾,提高实验效率;

(3)确定实验因素与实验结果之间存在的近似函数关系,并能对实验结果进行预测和优化;

(4)获得实验因素对实验结果的影响规律,为控制实验提供思路;

(5)确定最优的实验方案或配方。

1. 误差分析

1) 误差来源

实验过程中,误差是不可避免的。引起误差的原因很多,主要有以下几种。

(1)模型误差:数学模型只是对实际问题的一种近似描述,因而它与实际问题之间必然存在误差。

(2)实验误差:数学模型中总包含一些变量,它们的值往往是由实验观测得到的。实验观测是不可能绝对准确的,由此产生的误差为实验误差。

(3)截断误差:一般数学问题常常难以求出精确解,需要简化为较易求解的问题,以简化问题的解作为原问题的近似解,这样由于简化问题所引起的误差称为方法误差或截断误差。

(4)舍入误差:在计算过程中往往要对数字进行舍入,无穷小数和位数很多的数必须舍入成一定的位数,由此产生的误差称为舍入误差。

2) 误差的分类

实验误差根据其性质和来源不同,可分为三类:系统误差、随机误差和过失误差。

(1)系统误差是由仪器误差、方法误差和环境误差构成的误差,即仪器性能欠佳、使用不当、操作不规范,以及环境条件的变化引起的误差。系统误差是实验中潜在的弊端,若已知其来源,应设法消除。若无法在实验中消除,则应事先测出其数值的大小和规律,以便在数据处理时加以修正。

(2)随机误差是实验中普遍存在的误差,这种误差从统计学的角度看,具有有界性、对称性和抵偿性,即误差仅在一定范围内波动,不会发散,当实验次数足够大时,正、负误差将相互抵消,数据的算术平均值将趋于真值。因此,不易也不必去刻意地消除它。

（3）过失误差是由于实验者的操作失误造成的显著误差。这种误差通常造成实验结果的扭曲。在原因清楚的情况下，应及时消除。若原因不明，应根据统计学的准则进行判别和取舍。

3）误差的表达

在误差表达中所涉及的几个概念是数据的真值、绝对误差、相对误差、算术均差和标准误差。

（1）数据的真值：实验测量值的误差是相对于数据的真值而言的。严格地讲，真值应是某量的客观实际值。然而，在通常情况下，绝对的真值是未知的，只能用相对的真值来近似。在化工专业实验中，常采用三种相对真值，即标准真值、统计真值和引用真值。

①标准真值就是用高精度仪表测量值的平均值作为真值。要求高精度仪表的测量精度必须是低精度仪表的 5 倍以上。

②统计真值就是用多次重复实验测量的平均值作为真值。重复实验次数越多，统计真值越趋近于实际真值，由于趋近速度是先快后慢，故重复实验的次数取 3～5。

③引用真值就是引用文献或手册上那些已被前人的实验证实，并得到公认的数据作为真值。

（2）绝对误差与相对误差：绝对误差与相对误差在数据处理中被用来表示物理量的某次测定值与其真值之间的误差。

绝对误差的表达式为 $$d_i = |x_i - X|$$

相对误差的表达式为 $$r_i = \frac{|d_i|}{X} \times 100\% = \frac{|x_i - X|}{X} \times 100\%$$

式中，x_i 为第 i 次测定值，X 为真值。

（3）算术均差和标准误差：算术均差和标准误差在数据处理中被用来表示一组测量值的平均误差。其中，算术均差的表达式为

$$\delta = \frac{\sum_{i=1}^{n}|x_i - \bar{x}|}{n} = \frac{\sum_{i=1}^{n}|d_i|}{n}, \quad \bar{x} = \frac{\sum_{i=1}^{n}x_i}{n}$$

式中，n 为测量次数，x_i 为第 i 次测定值，$\bar{x}$ 为 n 次测得值的算术均值。

算术均差和标准误差是实验研究中常用的精度表示方法，其中因为标准误差对一组数据中的较大误差或较小误差比较敏感，能够更好地反映实验数据的离散程度，因而在化工专业实验中被广泛采用。

2. 误差的传递

在实际过程中，被测物理量不能直接测定，需要通过间接测定得到。一般先对精密度较高而又容易测定的物理量进行直接测定，然后借助已知函数进行推算。

1）误差传递的基本关系式

若 y 是直接测定量 x 的函数，即 $y = f(x_1, x_2, \cdots, x_n)$，由于误差相对于测定量而

言是较小的量,因此可将上式按照泰勒级数展开,略去二阶导数以上的项,可得函数 y 的绝对误差 Δy 的表达式:

$$\Delta y = \frac{\partial f}{\partial x_1}\Delta x_1 + \frac{\partial f}{\partial x_2}\Delta x_2 + \cdots + \frac{\partial f}{\partial x_n}\Delta x_n$$

式中,Δx_i 为直接测量值的绝对误差,$\frac{\partial f}{\partial x_i}$ 为误差传递系数。

2) 函数误差传递的关系式

函数误差 Δy 不仅与各测量值的误差 Δx_i 有关,而且与相应的误差传递系数有关。不考虑各测量值误差实际上相互抵消的可能性,函数的最大绝对误差和相对误差为

$$\Delta y = \sum_{i=1}^{n}\left|\frac{\partial f}{\partial x_i}\Delta x_i\right|, \quad \frac{\Delta y}{y} = \sum_{i=1}^{n}\left|\frac{\partial f}{\partial x_i}\frac{\Delta x_i}{y}\right|$$

根据误差传递的基本公式,求取不同函数形式的误差及其精度,以对实验结果作出正确的判断。

3. 数值计算中应注意的问题

在实验数据处理和模型计算过程中,需要注意以下问题。

(1)在数据处理过程中的四舍五入问题:①大于 5 时进 1;②小于 5 时舍去;③等于 5 时,双数舍去,单数进 1。

(2)由于误差的影响,计算过程中可能出现一些现象,需要避免如下几点:①避免两个相近的数相减;②避免大数"吃"小数的现象;③避免除数的绝对值远小于被除数的绝对值;④简化计算,减少运算次数,提高效率;⑤选用数值稳定性好的算法。

三、实验数据的处理

实验数据的处理是实验研究中的一个重要环节。由实验获得的大量数据,必须经过正确的分析、处理和关联,才能明确各变量间的定量关系,从中获得有价值的信息和规律。实验数据的处理常有三种方法:列表法、图示法和回归公式法。

1. 列表法

列表法是将实验的原始数据、运算数据和最终结果直接列举在各类数据表中以得到最终实验数据的一种数据处理方法。根据记录内容的不同,数据表主要分为两种:原始数据记录表和实验结果记录表。其中,原始数据记录表是在实验前预先制定的,记录的内容是未经任何运算处理的原始数据。实验结果记录表的内容是经过运算和整理得出的主要实验结果,简明扼要,直接反映主要实验指标和操作参数之间的关系。列表的要求:①要写出所列表的名称,列表要简单明了,便于看出有关量之间的关系和处理数据;②列表要标明符号所代表物理量的意义(特别是自定的符号),并写明单位,单位及量值的数量级写在该符号的标题栏中,不要重复记在各个数值上;③列表的形式不限,根据具体情况,决定列出哪些项目,有些个别的或与其他项目联系不大的数据可以不列入表内,列入表中的除原始数据外,计算过程中的一些中间结

果和最后结果也可以列入表中;④表中所列数据要正确反映测量结果的有效数字。

2. 图示法

图示法是以曲线的形式简明地将实验结果进行表达的常用方法。由于图示法能直观地显示变量间存在的极值点、转折点、周期性及变化趋势,尤其在一些没有解析解的条件下,图示求解是数据处理的有效手段。

1) 作图规则

为了使图线能够清楚地反映出变化规律,并能比较准确地确定有关量值或求出有关常数,在作图时必须遵守以下规则:

(1)作图必须用坐标纸。当决定了作图的参量以后,根据情况选用直角坐标纸、极坐标纸或其他坐标纸。

(2)坐标纸的大小及坐标轴的比例,要根据测得值的有效数字和结果的需要来定。原则上讲,数据中的可靠数字在图中应为可靠的。常以坐标纸中小格对应可靠数字最后一位的一个单位,有时对应比例也适当放大些,但对应比例的选择要有利于标实验点和读数。最小坐标值不必都从零开始,以便作出的图线大体上能充满全图,使布局美观、合理。

(3)标明坐标轴。对于直角坐标系,要以自变量为横轴,以因变量为纵轴。用粗实线在坐标纸上描出坐标轴,标明其所代表的物理量(或符号)及单位,在轴上每隔一定间距标明该物理量的数值。

(4)根据测量数据,实验点要用"+""×""⊙""△"等符号标出。

(5)把实验点连接成图线。由于每个实验数据都有一定的误差,所以图线不一定要通过每个实验点。应该按照实验点的总趋势,把实验点连成光滑的曲线(仪表的校正曲线不在此列),使大多数的实验点落在图线上,其他的点在图线两侧均匀分布,这相当于在数据处理中取平均值。对于个别偏离图线很远的点,要重新审核,进行分析后决定是否应剔除。

(6)作完图后,在图的明显位置上标明图名、作者和作图日期,有时还要附上简单的说明,如实验条件等,使读者能一目了然,最后要将图粘贴在实验报告上。

2) 作图法求直线的斜率、截距和经验公式

若在直角坐标纸上得到的图线为直线,并设直线的方程为 $y = kx + b$,则可用如下步骤求直线的斜率、截距和经验公式。

(1)在直线上选两点 $A(x_1, y_1)$ 和 $B(x_2, y_2)$。为了减小误差,A、B 两点应相隔远一些,但仍要在实验范围之内,并且 A、B 两点一般不选实验点。用与表示实验点不同的符号将 A、B 两点在直线上标出,并在旁边标明其坐标值。

(2)将 A、B 两点的坐标值分别代入直线方程 $y = kx + b$,可解得斜率 $k = \dfrac{y_2 - y_1}{x_2 - x_1}$。

(3)如果横坐标的起点为零,则直线的截距可从图中直接读出;如果横坐标的起点不为零,则可用下式计算直线的截距:

$$b = \frac{x_2 y_1 - x_1 y_2}{x_2 - x_1}$$

(4)将求得的 k、b 的数值代入方程 $y = kx + b$ 中,就得到经验公式。

3. 实验结果模型化

实验结果的模型化就是采用数学手段,将离散的实验数据回归成某一特定的函数形式,用以表达变量的相互关系,这种方法称为回归分析法。

回归分析法是研究变量间相关关系的一种数学方法,是数理统计学的一个重要分支。用回归分析法处理实验数据的步骤:①选择和确定合适的回归方程形式,即数学模型;②用实验数据确定回归方程中的模型参数;③检验回归方程的等效性。

1)确定回归方程

回归方程形式的选择和确定有以下三种方式:第一,根据理论知识、实践经验或前人的类似工作,选定回归方程的形式;第二,将实验数据标绘成曲线,观察其接近于哪一种常用的函数图形,据此选择方程的形式;第三,先根据理论和经验确定可能性较大的方程形式,然后用实验数据分别拟合,并运用概率论、信息论的原理模型对模型进行筛选,以确定最佳模型。

2)模型参数的估计

当回归方程的形式确定后,要使模型能够真正表达实验结果,必须用实验数据对方程进行拟合,进而确定方程中的模型参数。

参数估值的指导思想:由于实验中各种随机误差的存在,实验响应值与数学模型的计算值不可能完全吻合,但可以通过调整模型参数,使模型计算值尽可能逼近实验数据,使两者的残差趋于最小,从而达到最佳的拟合状态。根据这个指导思想,并考虑到不同实验点的正、负残差有可能相互抵消而影响拟合的精度,拟合过程宜采用最小二乘法进行参数估值。

最小二乘法可用于线性或非线性、单参数或多参数数学模型的参数估计,其求解的一般步骤:①将选定的回归方程线性化(对复杂的非线性函数,应尽可能采取变量转换或分段线性化的方法,使之转化为线性函数);②将线性化的回归方程代入目标函数,然后对目标函数求极值,将目标函数分别对待估参数求偏导数,并令偏导数为零,得到一组正规方程;③由正规方程组联立求解出待估参数。

最小二乘法原理:设在某一实验中,可控制的物理量取 x_1,x_2,$\cdots$,x_m 值时,对应的物理量依次取 y_1,y_2,$\cdots$,y_m 值。假定对 x_i 值的观测误差很小,而主要误差都出现在 y_i 的观测上。显然,如果从 (x_i, y_i) 中任取两组实验数据,就可以得出一条直线,只不过这条直线的误差有可能很大。直线拟合的任务便是用数学分析的方法从这些观测到的数据中求出最佳的经验公式 $y = kx + b$。按这一经验公式作出的图线不一定能通过每一个实验点,但是它是以最接近这些实验点的方式穿过它们的。很明显,对应于每一个 x_i 值,测得值 y_i 和最佳经验公式中的 y 值之间存在一偏差 δ_{y_i},我们称 δ_{y_i} 为测得值 y_i 的偏差,即

$$\delta_{y_i} = y_i - y = y_i - (kx_i + b), \quad i = 1, 2, \cdots, n$$

如果各测得值 y_i 的误差相互独立且服从同一正态分布,当 y_i 的偏差的平方和为最小时,得到最佳经验公式。若以 S 表示 δ_{y_i} 的平方和,它应满足

$$S = \sum \delta_{y_i}^2 = \sum [y_i - (kx_i + b)]^2 = \min(极小)$$

式中,x_i 和 y_i 是测得值,都是已知量,所以解决直线拟合的问题就变成了由实验数据组 (x_i, y_i) 来确定 k 和 b 的过程。

令 S 对 k 的偏导数为零,即

$$\frac{\partial s}{\partial k} = -2 \sum (y_i - kx_i - b)x_i = 0$$

整理得

$$\sum x_i y_i - k \sum x_i{}^2 - b \sum x_i = 0 \tag{1}$$

令 S 对 b 偏导数为零,即

$$\frac{\partial s}{\partial b} = -2 \sum (y_i - kx_i - b) = 0$$

整理得

$$\sum y_i - k \sum x_i - nb = 0 \tag{2}$$

由式(1)和式(2)解得

$$k = \frac{\sum x_i \sum y_i - n \sum x_i y_i}{\left(\sum x_i\right)^2 - n \sum x_i^2}, \quad b = \frac{\sum x_i \sum x_i y_i - \sum x_i^2 y_i}{\left(\sum x_i\right)^2 - n \sum x_i^2}$$

将得出的 k 和 b 的数值代入直线方程 $y = kx + b$ 中,即得最佳的经验公式。

另外,由式(2)得

$$b = \frac{\sum y_i}{n} - k \frac{\sum x_i}{n} \tag{3}$$

式中,$\dfrac{\sum y_i}{n}$ 和 $\dfrac{\sum x_i}{n}$ 分别为 y_i 的平均值($\bar{y}$)和 x_i 的平均值($\bar{x}$),即式(3)可写为 $b = \bar{y} - k\bar{x}$,代入方程 $y = kx + b$ 中,得

$$y - \bar{y} = k(x - \bar{x}) \tag{4}$$

由式(4)可看出最佳直线是通过 $(\bar{x}, \bar{y})$ 这一点的。因此,严格地说,在作图时应将点 $(\bar{x}, \bar{y})$ 在坐标纸上标出。作图时应将作图的直尺以点 $(\bar{x}, \bar{y})$ 为轴心来回转动,使各实验点与直尺边线的距离最近而且两侧分布均匀,然后沿直尺的边线画一条直线,即为所求的直线。

在该过程中需要注意,在采用用最小二乘法处理前一定要先用作图法作图,以剔除异常数据。

4. 实验结果的统计检验

统计检验是对实验效应能否确立和程度大小的一种数学推断方法,以考察和评价实验结果的可靠程度,从中获得有价值的实验信息。

统计检验的目的是评价实验指标和变量之间,或模型计算值与实验值之间是否

存在相关性,以及相关的密切程度如何。检验方法:①首先建立一个能够表征实验指标 y 和变量 x 之间相关密切程度的数量指标,称为统计量;②假设 y 与 x 不相关的概率 α,根据假设的不相关概率从专门的统计检验表中查出统计量的临界值;③将查出的临界统计量与由实验数据算出的统计量进行比较,便可判断 y 与 x 相关的显著性。判别标准见表 1-1,通常称 α 为置信度或显著性水平。

表 1-1　显著性水平的判别标准

显著性水平 α	检验判据	相关性
0.01	计算统计量＞临界统计量	高度显著
0.05	计算统计量＞临界统计量	显著
0.1	计算统计量＜临界统计量	不显著

常用的统计检验方法有相关系数法和方差分析法。

1) 相关系数法

在实验数据模型化表达方法中,通常利用现象回归将实验结果表示成线性函数。为了检验回归直线与离散的实验数据点之间的符合程度或密切程度,提出相关系数 r 的概念。相关系数的表达式为

$$r = \frac{\sum (x_i - \bar{x})(y_i - \bar{y})}{\sqrt{\sum (x_i - \bar{x})^2 (y_i - \bar{y})^2}}$$

当 $r=1$ 时,y 与 x 完全正相关,实验点均落在回归直线 $\hat{y}=a+bx$ 上。当 $r=-1$ 时,y 与 x 完全负相关,实验点均落在回归直线 $\hat{y}=a-bx$ 上。当 $r=0$ 时,则表示 y 与 x 无线性关系。如果 r 达到 0.999,则说明实验数据的线性关系良好,各实验点聚集在一条直线附近。

一般情况下,判断 x 和 y 之间的线性相关程度,就必须进行显著性检验。

2) 方差分析法

方差分析是从整体上对回归方程的适用性作出判断。模型和实验结果的偏差来自两方面:一是实验本身的误差,二是模型的欠缺。

实验误差一般可通过重复实验确定,即在相同的实验条件下重复进行测定,各测定值和平均测定值之差的平方和,称为误差平方和,残差平方和与误差平方和之差反映了模型的欠缺,称为欠缺平方和。适用的模型应符合

$$\frac{欠缺平方和}{误差平方和} < F$$

式中,F 可根据实验点数、参数个数和选定的置信度由 F 分布表查出。

四、实验报告的撰写

实验报告的书写是一项重要的基本技能训练,不仅是对每次实验的总结,更重要

的是可以培养和训练学生的逻辑归纳能力、综合分析能力和文字表达能力,是科学论文写作的基础。因此,参加实验的每位学生,均应及时、认真地书写实验报告。实验报告要求内容实事求是,分析全面具体,文字简练通顺,撰写清楚整洁。

1. 实验报告的特点

(1)原始性　实验报告记录和表达的实验数据一般比较原始,数据处理的结果通常采用图或表的形式表示,比较直观。

(2)纪实性　实验报告的内容侧重于实验过程、操作方式、分析方法、实验现象、实验结果的详尽描述,一般不作深入的理论分析。

(3)试验性　实验报告不强求内容的创新,即使实验未能达到预期效果,甚至失败,也可以撰写实验报告,但必须客观真实。

(4)格式固定　常使用专用的实验报告单。

2. 实验报告内容与格式

(1)实验名称　用最简练的语言反映实验的内容。如验证某程序、定律、算法时,可写成"×××的验证""×××的分析"。

(2)所属课程名称。

(3)学生姓名、学号及合作者。

(4)实验日期(年、月、日)和地点。

(5)实验目的　目的要明确。在理论上验证定理、公式、算法,并使实验者获得深刻和系统的理解;在实践上,掌握使用实验设备的技能技巧和程序的调试方法。一般要说明是验证型实验还是设计型实验,是创新型实验还是综合型实验。

(6)实验原理　阐述实验相关的主要原理。

(7)实验内容　这是实验报告极其重要的部分。要抓住重点,可以从理论和实践两方面考虑。这部分要写明依据何种原理、定理、算法或操作方法进行实验。详细列出计算过程。

(8)实验环境和器材。

(9)实验步骤　只写主要操作步骤,不要照抄实验指导书上的内容,要简明扼要。还应该画出实验流程图(实验装置的结构示意图),再配以相应的文字说明,这样既可以节省文字,又能使实验报告简明扼要、清楚明白。

(10)实验结果　包括实验现象的描述、实验数据的处理等。原始资料应附在本次实验主要操作者的实验报告上,同组的合作者要复制原始资料。对于实验结果的表述,一般有三种方法。①文字叙述:根据实验目的将原始资料系统化、条理化,用准确的专业术语客观地描述实验现象和结果,要有时间顺序以及各项指标在时间上的关系。②图表:用表格或坐标图的方式使实验结果突出、清晰,便于相互比较,尤其适合于分组较多,且各组观察指标一致的实验,使组间异同一目了然。每一图表应有标题和变量及计量单位,应说明一定的中心问题。③曲线图。在实验报告中,可任选其中一种或几种方法并用,以获得最佳效果。

（11）讨论　根据相关的理论知识对所得到的实验结果进行解释和分析。如果所得到的实验结果和预期的结果一致，那么它可以验证什么理论，实验结果有什么意义，说明了什么问题，这些是实验报告应该讨论的。但是，不能用已知的理论或生活经验硬套在实验结果上，更不能由于所得到的实验结果与预期的结果或理论不符而随意取舍甚至修改实验结果，这时应该分析产生异常的可能原因。如果本次实验失败了，应找出失败的原因及以后实验应注意的事项。不要简单地复述课本上的理论而缺乏自己主动思考的内容。另外，也可以写一些本次实验的心得以及提出一些问题或建议等。

（12）结论　结论不是具体实验结果的再次罗列，也不是对今后研究的展望，而是针对这一实验所能验证的概念、原则或理论的简明总结，是从实验结果中归纳出的一般性、概括性的判断，要简练、准确、严谨、客观。

（13）参考文献　注明报告中引用的文献出处。

第二节　专业实验室的安全与环保

化工实验室是进行化工研究与教学、开展课外活动、进行素质教育的重要场所。但在化工实验室通常涉及易燃、易爆、有毒的物质,经常使用的又是易碎的玻璃仪器与带电的仪器。因此,加强对实验室安全技术和环境保护知识的了解,掌握相关危险情况的处理方法是非常必要的。

一、实验室安全知识

1. 安全的一般规则

(1)在进行工作之前,一定要先从安全的角度着想,对专业实验所涉及的装置和试剂要有所了解。

(2)实验前,要彻底了解操作过程与注意事项。实验时,必须时刻留意,严格遵守。

(3)进入实验室,首先应该知道所在实验室的布局,即安全门、煤气、水、电等的总活栓或总闸门的所在之处。万一遇到事故时,才能立即行动。

(4)实验室的所有工作人员,都应知道有关救护工具、灭火工具(如沙箱、沙袋、灭火器、消防用水龙带等)所放置的地方。遇到事故时才能不忙乱。

(5)必须预先熟悉实验室所需要的工具、仪器,了解其性能及使用方法。

(6)如果发觉工具、仪器有损坏,应立即停止工作,设法修复,切不可马虎迁就,事故往往容易在这种场合下发生。

(7)实验室所有工作人员都应养成安静、清洁、整齐的良好习惯,提高工作效率,减少事故的发生。

(8)实验时应集中注意力;在实验的全过程中,都应保持高度的谨慎与责任感。

(9)严禁在实验进行时不加看管,甚至擅自离开实验现场。

(10)为了避免在着火时身上化纤衣料熔化,实验时必须穿实验服,既不露出皮肤,又能便于操作。同时,实验时必须戴上防护镜,必要时,还应戴上防护手套或防护面具。

(11)在实验室的工作告一段落时,应将自己的工作场所收拾干净,将使用过的仪器、药品、工具等及时归位。离开实验室时,应检查电源、煤气、水的总开关是否关好。

(12)实验室无人或是暂时离开实验室时,一定要将屋门上锁,以防发生意外。

2. 实验室常用危险品分类

关于实验室常用危险品,我国目前已公布的标准有《危险货物分类和品名编号》

(GB 6944—2012)、《危险货物品名表》(GB 6944—2012)、《常用危险化学品的分类及标志》(GB 13690—1992)。将危险化学品分为八大类,每一类又分为若干项。

第一类:爆炸品,指在外界作用下(如受热、摩擦、撞击等)能发生剧烈的化学反应,瞬间产生大量的气体和热量,使周围的压力急剧上升,发生爆炸,对周围环境、设备、人员造成破坏和伤害的物品。爆炸品在国家标准中分为5项,其中有3项包含危险化学品,另外2项专指弹药等。第1项,具有整体爆炸危险的物质和物品,如高氯酸;第2项,具有燃烧危险和较小爆炸危险的物质和物品,如二亚硝基苯;第3项,无重大危险的爆炸物质和物品,如四唑并-1-乙酸。

第二类:压缩气体和液化气体,指压缩的、液化的或加压溶解的气体。当这类物品受热、撞击或强烈震动时,容器内压力急剧增大,致使容器破裂,物质泄漏、爆炸等。它分为3项。第1项,易燃气体,如氢气、一氧化碳、甲烷等;第2项,不燃气体(包括助燃气体),如氮气、氧气等;第3项,有毒气体,如氯(液化的)、氨(液化的)等。

第三类:易燃液体,本类物质在常温下易挥发,其蒸气与空气混合能形成爆炸性混合物,分为3项。第1项,低闪点液体,即闪点低于−18 ℃的液体,如乙醛、丙酮等;第2项,中闪点液体,即闪点在−18~23 ℃的液体,如苯、甲醇等;第3项,高闪点液体,即闪点在23 ℃以上的液体,如环辛烷、氯苯、苯甲醚等。

第四类:易燃固体、自燃物品和遇湿易燃物品,这类物品易于引起火灾,按其燃烧特性分为3项。第1项,易燃固体,指燃点低,对热、撞击、摩擦敏感,易被外部火源点燃,迅速燃烧,能散发有毒烟雾或有毒气体的固体,如红磷、硫黄等;第2项,自燃物品,指自燃点低,在空气中易于发生氧化反应放出热量,而自行燃烧的物品,如黄磷、三氯化钛等;第3项,遇湿易燃物品,指遇水或受潮时,发生剧烈反应,放出大量易燃气体和热量的物品,有的不需明火,就能燃烧或爆炸,如金属钠、氢化钾等。

第五类:氧化剂和有机过氧化物,这类物品具有强氧化性,易引起燃烧、爆炸,按其组成分为2项。第1项,氧化剂,指具有强氧化性,易分解放出氧和热量的物质,对热、震动和摩擦比较敏感,如氯酸铵、高锰酸钾等;第2项,有机过氧化物,指分子结构中含有过氧键的有机物,其本身易燃易爆、极易分解,对热、震动和摩擦极为敏感,如过氧化苯甲酰、过氧化甲乙酮等。

第六类:毒害品,指进入人(动物)肌体后,累积达到一定的量能与体液和组织发生生物化学作用或生物物理作用,扰乱或破坏肌体的正常生理功能,引起暂时性或持久性的病理改变,甚至危及生命的物品。如各种氰化物、砷化物、化学农药等。

第七类:放射性物品,它属于危险化学品,但不属于《危险化学品安全管理条例》的管理范围,另外有专门的条例来管理。

第八类:腐蚀品,指能灼伤人体组织并对金属等物品造成损伤的固体或液体。这类物质按化学性质分为3项。第1项,酸性腐蚀品,如硫酸、硝酸、盐酸等;第2项,碱性腐蚀品,如氢氧化钠、硫氢化钙等;第3项,其他腐蚀品,如二氯乙醛、苯酚钠等。

3. 化学试剂的安全操作

(1)防止中毒。

①一切药品瓶上必须有标签;对于剧毒药品,必须有专门的使用、保管制度。在使用过程中如有毒药品撒落,应马上收起并洗净落过毒物的桌面和地面。

②使用有毒物质时,要准备好或戴好防毒面具、橡皮手套,有时要穿防毒衣装。

③严禁试剂入口,严禁以鼻子接近瓶口鉴别试剂。

④严禁食具和仪器互相代用,离开实验室、喝水及吃食品前一定要洗净双手。

⑤使用或处理有毒物品时应在通风橱内进行,且头部不能进入通风橱内。

(2)防止燃烧和爆炸。

①挥发性药品应放在通风良好的地方,存放易燃药品处应远离热源。

②室温过高时使用挥发性药品应设法先进行冷却再开启,且不能使瓶口对着自己或他人的脸部。

③在实验中要除去易燃、易挥发的有机溶剂时应用水浴或封闭加热系统进行,严禁用明火直接加热。

④身上或手上沾有易燃物时,不能靠近灯火,应立即洗净。

⑤严禁将氧化剂与可燃物一起研磨。

⑥易燃易爆类药品及高压气瓶等,应放在低温处保管,移动或启用时不得剧烈震动,高压气体的出口不得对着人。

⑦易发生爆炸的操作不得对着人进行。

⑧装有挥发性药品或受热分解放出气体的药品瓶,最好不用石蜡封瓶塞。

(3)防止腐蚀、化学灼伤、烫伤。

①取用腐蚀性、刺激性药品时应戴上橡皮手套;用移液管吸取有腐蚀性和刺激性的液体时,必须用洗耳球操作。

②开启大瓶液体药品时,须用锯子将石膏锯开,严禁用其他物体敲打。

③在压碎或研磨苛性碱和其他危险固体物质时,要注意防范小碎块溅散,以免灼伤眼睛、脸部等。

④稀释浓硫酸等强酸时须在烧杯等耐热容器内进行,且必须在搅拌下将强酸缓慢地加入水中;溶解氢氧化钠、氢氧化钾等固体药品时会发热,也要在烧杯等耐热容器内进行。如需将浓酸或浓碱中和,则必须先进行稀释。

⑤从烘箱、马弗炉内等仪器中拿出高温烘干的仪器或药品时应使用坩埚钳或戴上手套,以免烫伤。

4. 消防安全

常用的消防灭火措施有隔离法、冷却法与窒息法。隔离法,设法将火源与周围的可燃物隔离,阻止燃烧;冷却法,用水等冷却剂降低燃烧物的温度,阻止燃烧;窒息法,用黄沙、石棉毯、湿麻袋、二氧化碳及其他惰性气体等将燃烧物与空气隔绝,阻止燃烧。但对爆炸性物质起火不能用黄沙、石棉毯、湿麻袋等进行覆盖,以免阻止气体的扩散而增加了爆炸的破坏力。

　　实验室常用的灭火器材见表 1-2。灭火时必须根据燃烧物的类别及其环境情况选用合适的灭火器材,通常实验室发生火灾时,按照二氧化碳灭火器、干粉灭火器和泡沫灭火器的顺序选用灭火器。

表 1-2　实验室常用的灭火器材及适用火灾

灭火剂			一般火灾	可燃液体火灾	带电设备起火
液体	水	直射	√	×	×
		喷雾	√	√	√
	泡沫		√	√	×
气体	CO_2		√	√	√
固体	干粉 (磷酸盐类等)		√	√	√

注:√表示适用,×表示禁用。

1) 干粉灭火器的使用方法

　　干粉灭火器主要适用于扑救各种易燃、可燃液体和易燃、可燃气体火灾,以及电器设备火灾。其使用方法如下:

　　(1)右手握着压把,左手托着灭火器底部,轻轻取下灭火器;

　　(2)右手提着灭火器到现场;

　　(3)除掉铅封;

　　(4)拔掉保险销;

　　(5)左手握着喷管,右手提着压把;

　　(6)在距离火焰 2 m 的地方,右手用力压下压把,左手拿着喷管左右摆动,喷射干粉使之覆盖整个燃烧区。

2) 泡沫灭火器的使用方法

　　泡沫灭火器主要适用于扑救各种油类火灾、木材、纤维、橡胶等固体可燃物火灾。其使用方法如下:

　　(1)右手握着压把,左手托着灭火器底部,轻轻取下灭火器;

　　(2)右手提着灭火器到现场;

　　(3)右手握住喷嘴,左手执筒底边缘;

　　(4)把灭火器颠倒过来呈垂直状态,用力上下晃动几下,然后放开喷嘴;

　　(5)右手抓筒耳,左手抓筒底边缘,把喷嘴朝向燃烧区,站在离火源 8 m 的地方喷射,并不断前进,兜围着火焰喷射,直至把火扑灭;

　　(6)灭火后,把灭火器卧放在地上,喷嘴朝下。

3) 二氧化碳灭火器的使用方法

　　二氧化碳灭火器主要适用于各种易燃与可燃液体、可燃气体火灾,还可扑救仪器仪表、图书档案、工艺器和低压电器设备等的初起火灾。其使用方法如下：

（1）用右手握着压把；

（2）用右手提着灭火器到现场；

（3）除掉铅封；

（4）拔掉保险销；

（5）站在距火源 2 m 的地方，左手拿着喇叭筒，右手用力压下压把；

（6）对着火源根部喷射，并不断推前，直至把火焰扑灭。

4）推车式干粉灭火器的使用方法

推车式干粉灭火器主要适用于扑救易燃液体、可燃气体和电器设备的初起火灾。本灭火器移动方便，操作简单，灭火效果好。其使用方法如下：

（1）把干粉车拉或推到现场；

（2）右手抓着喷粉枪，左手顺势展开喷粉胶管，直至平直，不能弯折或打圈；

（3）除掉铅封，拔出保险销；

（4）用手掌使劲按下供气阀门；

（5）左手持喷粉枪管托，右手把持枪把，用手指扣动喷粉开关，对准火焰喷射，不断左右摆动喷粉枪，把干粉笼罩在燃烧区，直至把火扑灭为止。

5．电器设备的安全操作

（1）在使用电器动力设备时，必须事先检查电器开关、电动机和机械设备的各部分是否正常。

（2）开始工作或停止工作时，必须将开关彻底扣严或拉下。

（3）在实验室内不应有裸露的电线头，不能用它接通电灯、仪器等。

（4）电器开关箱内不准放任何物品，以免导电燃烧。

（5）凡电气动力设备发生过热现象，应立即停止使用。

（6）在实验过程中出现突然停电时，必须关闭一切加热仪器及其他电气仪器。

（7）禁止在电器设备或线路上洒水，以免漏电。

（8）实验室所有电器设备不得私自拆动及随便进行修理。

（9）有人受到电流伤害时，要立即用不导电的物体把触电者从电线上挪开，同时采取措施切断电流。

6．高压气瓶的安全操作

1）高压气瓶使用规程

（1）氧气瓶及其专用工具严禁与油类接触，操作人员不能穿用沾有各种油脂或油污的工作服、手套，以免引起燃烧。

（2）高压气瓶必须分类保管，直立时要固定，远离热源，避免暴晒及强烈震动。

（3）氧气瓶、可燃性气体气瓶与明火的距离应不小于 10 m。

（4）高压气瓶上使用的减压器要专用，安装时螺扣要上紧。

（5）开启高压气瓶时，操作者须站在侧面，操作时严禁敲打，发现漏气须立即停用并修理。

（6）气瓶中气体不得用尽，应留有一定残压。

（7）高压气瓶应定期检验，一般气瓶为每三年检验一次，腐蚀性气瓶每两年检验一次，如发现有严重腐蚀或其他严重损伤，应提前进行检验。

2）高压气瓶的颜色及标志

高压气瓶的颜色及标志见表1-3。

表 1-3　高压气瓶的颜色及标志

气瓶名称	外表面涂料颜色	字　样	字样颜色
氧气瓶	天蓝	氧	黑
氢气瓶	深绿	氢	红
氮气瓶	黑	氮	黄
氯气瓶	草绿	氯	白
压缩空气瓶	黑	压缩空气	白
二氧化碳气瓶	黑	二氧化碳	黄
乙炔气瓶	白	乙炔	红
其他可燃性气瓶	红	（气体名称）	白
其他非可燃性气瓶	黑	（气体名称）	黄

7. 安全事故的应急处理

在实验操作过程中，由于多种原因可能发生危害事故，如火灾、烫伤、中毒、触电等。在紧急情况下必须在现场立即处理，以减少损失，避免造成更大的危害。

1）实验室紧急疏散方案

（1）接到紧急疏散通知时，实验指导教师应指令学生停止实验，关闭水源和电源。

（2）由实验指导教师和实验室工作人员负责组织，保证下楼时的安全。既要尽最大努力地辨别疏散方向，又要协调好各楼层的先后疏散顺序，还要注意与其他楼层间的平衡，不争抢、不拥挤、不踩踏，安全有序地疏散。

（3）转移至安全地带后，实验指导教师应立即清点人员并汇报清点情况。

2）水电事故应急处理方案

（1）跑水事故应急处理方案：发现人员须立即通知大楼物业管理人员关闭相应区域的上水管总阀，同时通知实验室安全责任人、实验室负责人前往现场。实验室负责人召集人员清扫地面积水，移动浸泡物资，尽量减少损失。

（2）突然停电、停水应急处理方案：立即停止实验，关闭水源和电源以防通电、通水时发生意外。将冰箱中的易挥发试剂转移至阴凉通风处，防止挥发性气体积聚后产生危险。检查无误后方可离开实验室。夜间突然停电时应保持镇静，辨别疏散方向,安全有序地转移到室外(走廊安装有应急照明灯),并立即通知大楼物业管理人员。大楼物业管理人员应携带应急照明灯进入实验室,关闭水源和电源等,检查无误后方可离开实验室。

(3)触电事故应急处理方案:应先切断电源或拔下电源插头,若来不及切断电源,可用绝缘物挑开电线。在未切断电源之前,切不可用手去拉触电者,也不可用金属或潮湿的东西挑电线。触电者脱离电源后,应就地仰面躺平,禁止摇动伤员头部。检查触电者的呼吸和心跳情况,呼吸停止或心脏停搏时应立即施行人工呼吸或心脏按压,并尽快联系医疗部门救治。

(4)仪器设备电路事故应急处理方案:操作人员须立即停止实验,切断电源,并向仪器管理人员和实验室负责人汇报。如发生失火,应选用二氧化碳灭火器扑灭,不得用水扑灭。如火势蔓延,应立即向学校保卫处和消防部门报警。

3)化学品灼伤与中毒事故应急处理方案

(1)化学物质溅出的应急处理方案:应立即屏住呼吸,撤离现场,将门全部关上;及时向指导教师和实验室负责人报告;脱去被污染的衣物,及时用大量的水进行冲洗至少5 min并保持创伤面的洁净,冲洗后相应地用苏打(针对酸性物质)或硼酸(针对碱性物质)进行中和。如果大量危险气体、烟、雾或蒸汽被释放,应该待在通风处或尽可能远离空气中有化学物质的地方;视情况的轻重将伤者送入医院就医。

(2)吸入中毒的应急处理方案:迅速将患者搬离中毒场所至空气新鲜处;保持患者安静,并立即松解患者衣领和腰带,以维持呼吸道畅通,并注意保暖;严密观察患者的一般状况,尤其是神志、呼吸和循环系统功能等;送入医院就医。

(3)经皮肤中毒的应急处理方案:将患者立即移离中毒场所,脱去污染衣服,迅速用清水洗净皮肤,黏稠的毒物则宜用大量肥皂水冲洗;遇水能发生反应的腐蚀性毒物如三氯化磷等,则先用干布或棉花抹去,再用水冲洗;送入医院就医。

(4)误食中毒的应急处理方案:反复漱口;视情况用 0.02%～0.05%高锰酸钾溶液或5%活性炭悬液等催吐;中毒者大量饮用温开水、稀盐水或牛奶,以减少毒素的吸收;送入医院就医。

4)烧伤事故应急处理方案

(1)普通轻度烧伤的,可用清凉乳剂擦于创伤处,并包扎好;略重烧伤的,立即送医院处理;遇有休克的,立即通知医院前来抢救。

(2)化学烧伤时,应迅速解脱衣服;清除残存在皮肤上的化学药品;用水多次冲洗;视烧伤情况立即送医院救治或通知医院前来救治。

(3)眼睛受到伤害的,立即用蒸馏水冲洗眼睛,冲洗时须用细水流,不能直射眼球;通知眼科医生诊断治疗。

5)火灾的应急处理方案

(1)火灾发现人员要保持镇静,立即切断或通知相关部门切断电源;迅速向实验室负责人、保卫处及公安消防部门(119)电话报警,报警时要讲明发生火灾的地点、燃烧物质的种类和数量、火势情况、报警人姓名与电话等详细情况。

（2）按照"先人员、后物资，先重点、后一般"的原则抢救被困人员及贵重物资；疏散其他人员；关闭门窗，防止火势蔓延。

（3）对于初起火灾应根据其类型，采用不同的灭火器具进行灭火。

（4）对压缩气体和液化气体火灾事故，应立即切断现场电源、关闭阀门。

（5）对有可能发生爆炸、爆裂、喷溅等特别危险需紧急撤退的情况，应按照统一的撤退信号和撤退方法及时撤退。

6）危险化学品泄漏事故应急处理方案

（1）进入现场救援人员必须配备必要的个人防护器具。救援人员严禁单独行动，要有监护人，必要时用水枪掩护。

（2）组织现场人员撤离。

（3）事故中心区应严禁火种、切断电源，采用合适的材料和技术手段堵住泄漏处。

①围堤堵截：筑堤堵截泄漏液体或者引流到安全地点。

②稀释与覆盖：向有害物蒸气云喷射雾状水，加速气体向高空扩散。对于液体泄漏，可用泡沫或其他覆盖物品覆盖外泄的物料，在其表面形成覆盖层，抑制其蒸发。

③收容：用沙子、吸附材料、中和材料等吸收中和。

④废弃：将收集的泄漏物移交有资质的单位进行处理。

7）气体钢瓶事故应急处理方案

（1）气体泄露时应立即关闭阀门，对可燃气体用沙石或二氧化碳、干粉等灭火器进行灭火，同时设置隔离带以防火灾事故蔓延。对受伤人员立即实行现场救护，伤势严重的立即送往医院。

（2）气体钢瓶中有毒气体泄露时，抢险人员须戴防毒面具或口罩、氧气呼吸器等进行呼吸防护，进入现场处理事故和救助人员。

（3）气体钢瓶爆炸时，所有人员须立即撤离现场并报警，等待救援。

二、实验室环保知识

实验室废弃物是指实验过程中产生的"三废"（废气、废液、废渣）物质，实验用剧毒物品（麻醉品、药品）残留物，严禁直接排放到河流、下水道和大气中，以免污染环境，危害自身或危及他人的健康。

1. 废气

实验过程中产生少量有害废气的实验应在通风橱中进行，产生大量有害、有毒气体的实验必须具备吸收或处理装置。

2. 废液

实验室废液主要是指来自化学性实验室、生化性实验室及物理性实验室，或校内实习场所等所产出的各类废弃溶液。一般的实验室废液可分为：有机溶剂废液，如甲苯、乙醇、冰醋酸、卤化有机溶剂废液等；无机溶剂废液，如重金属废液、含汞废液、废酸、废碱液等。

实验过程中,不能将有害、有毒废液随意倒进水槽及排水管道。不同废液在倒进废液桶前要检测其相容性,按标签指示分门别类倒入相应的废液收集桶中,禁止将不相容的废液混装在同一废液桶内,以防发生化学反应而爆炸。每次倒入废液后须立即盖紧桶盖。特别是含重金属的废液,不论浓度高低,必须全部回收。

3. 废渣

不能随意掩埋、丢弃有害、有毒废渣,废渣须放入专门的收集桶中。危险物品的空器皿、包装物等,必须完全消除危害后,才能改为他用或弃用。

4. 实验用剧毒物品及放射性废弃物的处理规定

(1)实验用剧毒物品的残渣或过期的剧毒物品由各实验室统一收存,妥善保管,报实验室管理处统一处理。

(2)盛装、研磨、搅拌剧毒物品的工具必须固定,不得挪作他用或乱扔乱放,使用后的包装必须统一存放、处理。

(3)带有放射性的废弃物必须放入指定的具有明显标志的容器内封闭保存,报有关部门统一处理。

(4)过期固体药剂、浓度高的废试剂必须以原试剂瓶包装,须定期报实验室管理处回收,等待统一处理,不得随便掩埋或并入收集桶内处理。

第二部分　综合性专业实验

综合性专业实验由化工热力学、反应工程、化工工艺、分离工程等课程实验组合而成,要求学生运用分析技术获得实验数据。综合性专业实验的实例中,有些侧重于验证专业理论,使学生加深对理论的理解;有些着眼于模拟生产实际过程,以提高学生对工程和工艺问题的认识。

实验一　连续流动反应器中的返混测定

一、实验目的

本实验通过管式反应器、单釜反应器、三釜串联反应器中停留时间分布的测定,以多釜串联模型描述返混程度,了解限制返混的措施。

本实验目的如下:

(1)了解几种典型反应器的返混特性;

(2)掌握停留时间分布的测定方法;

(3)了解停留时间分布与多釜串联模型的关系;

(4)了解模型参数 N 的物理意义及计算方法。

二、实验原理

在连续流动的反应器中,由于物料的不均匀流速分布,不同时刻进入反应器的物料发生混合,这种不同停留时间的物料之间的混合称为返混。例如,在连续流动釜式反应器中,激烈的搅拌使反应器内物料发生混合,反应器出口处的物料会返回流动与进口物料混合,这种空间上的反向流动就是返混。返混的结果是产生停留时间分布,进而改变反应器内物料的浓度分布。

返混程度的大小,一般很难直接测定,通常是利用物料停留时间分布的测定来研究。然而测定不同状态的反应器内停留时间分布时,相同的停留时间分布可以有不同的返混情况,即返混与停留时间分布不存在一一对应的关系,因此不能用停留时间分布的实验测定数据直接表示返混程度,而要借助于反应器数学模型来间接表达。

停留时间分布的测定方法有脉冲法、阶跃法等,常用的是脉冲法。当系统达到稳定后,在系统的入口处瞬间注入一定量 Q 的示踪物料,同时开始在出口流体中检测示踪物料的浓度变化。

由停留时间分布密度函数的物理含义,可知

$$f(t)\mathrm{d}t = Q_V c(t)\mathrm{d}t/Q$$

$$Q = \int_0^\infty Q_V c(t)\mathrm{d}t$$

所以可以得到

$$f(t) = \frac{Q_V c(t)}{\int_0^\infty Q_V c(t)\mathrm{d}t} = \frac{c(t)}{\int_0^\infty c(t)\mathrm{d}t}$$

由此可见 $f(t)$ 与示踪剂浓度 $c(t)$ 成正比。

本实验中可以选用水作为连续流动的物料,以饱和 KCl 作示踪剂,在反应器出口处检测溶液电导值。在一定范围内,KCl 浓度与电导值成正比,则可用电导值来表达物料的停留时间变化关系,即 $f(t) \propto L(t)$,这里 $L(t) = L_t - L_\infty$,L_t 为 t 时刻的电导值,L_∞ 为无示踪剂时的电导值。

停留时间分布密度函数 $f(t)$ 在概率论中有两个特征值,即平均停留时间(数学期望)$\bar{t}$ 总和方差 σ_t^2。

$\bar{t}$ 的表达式为

$$\bar{t} = \int_0^\infty t f(t)\mathrm{d}t = \frac{\int_0^\infty t\,c(t)\mathrm{d}t}{\int_0^\infty c(t)\mathrm{d}t}$$

采用离散形式表达,并取相同时间间隔 Δt,则

$$\bar{t} = \frac{\sum t\,c(t)\Delta t}{\sum c(t)\Delta t} = \frac{\sum t\,L(t)}{\sum L(t)}$$

σ_t^2 的表达式为

$$\sigma_t^2 = \int_0^\infty (t - \bar{t})^2 f(t)\mathrm{d}t = \int_0^\infty t^2 f(t)\mathrm{d}t - \bar{t}^2$$

采用离散形式表达,并取相同 Δt,则

$$\sigma_t^2 = \frac{\sum t^2 c(t)}{\sum c(t)} - \bar{t}^2 = \frac{\sum t^2 L(t)}{\sum L(t)} - \bar{t}^2$$

若用无因次对比时间 θ 来表示,即 $\theta=t/\bar{t}$,无因次方差 $\sigma_\theta^2=\sigma_t^2/\bar{t}^2$。

在测定了一个系统的停留时间分布后,如何来评价其返混程度,则需要用反应器模型来描述,多釜串联模型是比较方便、直观的一个模型。

所谓多釜串联模型,是将一个实际反应器中的返混情况作为与若干个全混釜串联时的返混程度等效。这里的若干个全混釜个数 N 是虚拟值,并不代表反应器个数,N 称为模型参数。多釜串联模型假定每个反应器为全混釜,反应器之间无返混,每个全混釜体积相同,则可以推导得到多釜串联反应器的停留时间分布函数关系,并得到无因次方差 σ_θ^2 与模型参数 N 之间的关系式:

$$N=\frac{1}{\sigma_\theta^2}$$

当 $N=1,\sigma_\theta^2=1$ 时,为全混釜特征;当 $N\to\infty,\sigma_\theta^2\to0$ 时,为平推流特征。这里 N 是模型参数,是个虚拟釜数,并不限于整数。

三、装置特性

实验装置如图 2-1 所示,由单管、单釜与三釜串联三个系统组成。单管反应器体积和三釜串联反应器中每个釜的体积均为 1 L,单釜反应器体积为 3 L。用可控硅直流调速器对釜式反应器搅拌器进行调速。实验时,物料可经转子流量计计量后分别流入不同系统。各系统的入口处分别设有示踪剂注入口,反应系统出口处有电导仪,可检测记录示踪剂浓度的变化情况。(电导仪输出的毫伏信号经电缆进入 A/D 卡,A/D 卡将模拟信号转换成数字信号,由计算机集中采集、显示并记录,实验结束后,计算机可将实验数据及计算结果储存或打印输出。)

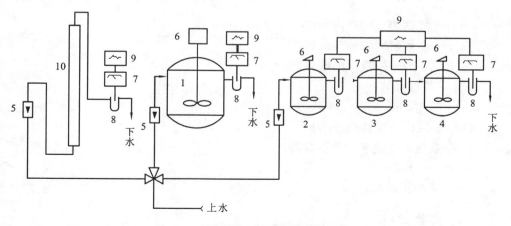

图 2-1　连续流动反应器返混实验装置

1—全混釜(3 L);2、3、4—全混釜(1 L);5—转子流量计;6—电动机;

7—电导率仪;8—电导电极;9—记录仪或微机;10—管式反应器

四、实验要求

(1)根据实验目的、实验装置的特性,选择示踪剂及实验条件,自行设计方案进行实验操作,并分析实验结果。

(2)通过实验,完成实验报告及思考题。

五、实验数据处理与实验报告要求

绘制单管、单釜与三釜串联反应器的停留时间分布曲线;根据实验结果,选择一组实验数据,用离散方法分别计算出各反应系统的 $\bar{t}$ 和 σ_t^2,以及无因次方差 $\sigma_\theta^2 = \sigma_t^2 / \bar{t}^2$;利用多釜串联模型,求出各反应系统的模型参数 N,要求写清计算步骤;与计算机计算结果比较,分析偏差原因。

六、思考题

(1)返混与停留时间分布不是一一对应的,这说明了什么? 为什么可以通过测定停留时间分布来研究返混?

(2)何谓返混? 返混的起因是什么? 如何限制返混或加大返混程度?

(3)测定停留时间分布的方法有哪些? 本实验采用哪种方法? 计算出实验各反应系统的平均停留时间,并与对结果进行讨论。

(4)何谓示踪剂? 有何要求? 本实验还可用什么作示踪剂?

(5)模型参数与实验中反应釜的个数有何不同? 为什么?

七、主要符号说明

$c(t)$——t 时刻反应器内示踪剂浓度,mol/m³;

$f(t)$—— 停留时间分布函数;

L_t、L_∞、$L(t)$——液体的电导值;

N——模型参数;

t——时间;

Q_V——液体体积流量,m³/h;

$\bar{t}$——数学期望或平均停留时间;

σ_t^2、σ_θ^2——方差;

θ——无因次时间。

八、实验案例

以水作为流动载体、以饱和 KCl 溶液为示踪剂进行实验。

1. 实验步骤及方法

(1)通电,开启电源开关;开启计算机,进入控制系统。

(2)选择所要测试的系统,通水,开启水开关,让水注满反应系统,调节进水流量为 15 L/h,保持流量稳定。

(3)测试:

①管式反应器 待系统稳定后,用注射器迅速注入示踪剂(1 mL),同时测取数据。数据基本不变化时可认为终点已到。

②单釜反应器 开动搅拌装置,调节转速为 300 r/min。待系统稳定后,用注射器迅速注入示踪剂(5 mL 或 3 mL),同时测取数据。数据基本不变化时可认为终点已到。

③三釜串联反应器 开动搅拌装置,调节转速为 300 r/min。待系统稳定后,用注射器迅速注入示踪剂(3 mL 或 2 mL),同时测取数据。数据基本不变化时可认为终点已到。

(4)实验结束后,关闭仪器,以及电源、水源,排清釜中料液。

2. 操作要点

(1)搅拌转速决定混合状态,不要太快,应控制在 300 r/min 左右。

(2)调节流量稳定后方可注入示踪剂,整个操作过程中注意控制流量。

(3)示踪剂要求一次迅速注入;若遇针头堵塞,不可强行推入,应拔出后重新操作;

(4)一旦失误,应等示踪剂出峰全部走平后,再重做。或把水放尽,置换清水后重做。

3. 实验数据的计算机记录

打开电脑,双击"三釜测定. EXE"文件,进入平均停留时间分布的主窗口,在经过数秒延迟后,装入主窗体,根据所进行实验的内容,在单釜和三釜的"进水量 $Q=$ "和"转速 $N=$ "对话框中分别输入当时的值。

在实验中根据实际需要可同时进行单釜和三釜的操作,将单釜及三釜的操作置于同一窗体中。准备进入下一级窗体有两种途径:一种是点击"继续";另一种是单击主窗体中的图像框。当鼠标移至图像框范围内,其背景色会发生变化,起提示作用,此时单击即可进入采样界面。下面以三釜为例说明。

进入三釜采样界面后,首先在时间选择框中输入所需的时间(一般将时间设在 50 min),在系统稳定后,再用鼠标点击"开始"按钮,同时快速在注射口用注射器注入 5 mL KCl 示踪剂至系统中,窗体中的图像框中会显示出来停留时间密度分布曲线。在采样结束后,可选取[文件]菜单中的"存盘"和"打印"功能,或选择"计算结果显示",则出现一个小窗体,可给出平均停留时间、方差、无因次方差和釜数这四个主要参数的结果(图 2-2)。

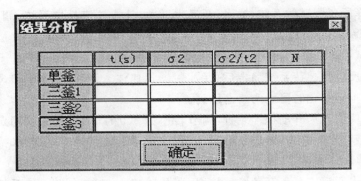

图 2-2　平均停留时间分布结果分析

实验结束后,返回主窗体,退出实验。

附:电导率测定

1. 概要

溶解于水的酸、碱、盐电解质,在溶液中离解成正、负离子,使电解质溶液具有导电能力,其导电能力大小可用电导率表示。电导率越大,则导电性能越强,反之越弱。

电解质溶液的电导率,通常是将两个金属片(即电极)插入溶液中,测量两电极间电阻率大小来确定。电导率是电阻率的倒数,其定义是电极截面面积为 1 cm²,极间距离为 1 cm 时,该溶液的电导。电导率的单位为西/厘米(S/cm)。

溶液的电导率与电解质的性质、浓度、溶液温度有关。一般情况下,溶液的电导率是指 25 ℃时的电导率。

2. 电导率的测量原理

引起离子在被测溶液中运动的电场是由与溶液直接接触的两个电极产生的。此对测量电极必须用抗化学腐蚀的材料制成。实际中经常用到的材料有钛等。由两个电极组成的测量电极称为科尔劳施(Kohlrausch)电极。

电导率的测量与溶液的电导和溶液中电导电极的几何尺寸有关。电导可以通过电流、电压的测量得到。在电导电极间存在均匀电场的情况下,电导电极常数可以通过几何尺寸算出。当两个面积为 1 cm² 的方形极板之间相隔 1 cm 组成电导电极时,此电导电极的常数 $K = 1$ cm⁻¹。如果用此对电极测得电导值 $G = 1000$ μS,则被测溶液的电导率为 1000 μS/cm。

一般情况下,电导电极常形成部分非均匀电场。此时,电导电极常数必须用标准溶液进行确定。标准溶液一般都使用 KCl 溶液,这是因为 KCl 的电导率在不同的温度和浓度情况下非常稳定,准确。0.1 mol/L 的 KCl 溶液在 25 ℃时电导率为 12.88 mS/cm。

3. 测量仪器

电导仪(或电导率仪):测量范围为常规范围,可选用 DDS-11A 型。

电导电极:实验室常用的电导电极为白金电极或铂黑电极。每一电导电极有各自的电导池常数,它可分为下列三类,即 0.1 cm⁻¹ 以下,0.1~1.0 cm⁻¹,1.0~

10 cm^{-1}。

恒温水浴:温度精度应高于 0.5 ℃。

温度计:精度应高于 0.5 ℃。

4. 实验步骤

1) 开机及校准

(1)未开电源开关前,观察表针是否指零,可调正表头上的螺丝,使表针指零。

(2)将校正测量开关扳到"校正"位置。

(3)插接电源线,打开电源开关,并预热数分钟(待指针完全稳定下来为止),调节"校正"调节器使电表指示满度。

(4)当使用(1)～(8)量程来测量电导率低于 300 μS/cm 的液体时,选用低周,这时将高/低周开关扳向"低周"。当使用(9)～(10)量程来测量电导率在 300 μS/cm 至 105 μS/cm 范围里的液体时,则扳向"高周"。

(5)将量程选择开关扳到所需要的测量范围,如预先不知被测溶液电导率大小,应先把其扳到最大电导率测量挡,然后逐渐下降,以防表针打弯。

(6)电导电极的使用:使用时用电极夹夹紧电导电极的胶木帽,并把电极夹固定在电极杆上。

①当被测溶液的电导率低于 0.3 μS/cm 时,使用 DJS-0.1 型电极,这时应把电导电极常数补偿调节器调节在所配套电导电极常数的 10 倍位置上。例如,配套电导电极常数为 0.090,则应把其调节到"0.90"位置上。

②当被测溶液的电导率为 0.3～10 μS/cm 时,使用 DJS-0.1 型电极,这时应把电导电极常数补偿调节器调节在所配套电导电极常数相对应位置上。例如,配套电导电极常数为 0.95,则应把其调节到"0.95"位置上,又若配套电导电极常数为 1.1,则应调节在"1.1"位置上。

(7)将电极插头插入电极插孔内,旋紧插口上的紧固螺丝,再将电极浸入待测溶液中。

(8)接着校正[当用(1)～(8)量程测量时,扳到"低周",当用(9)～(12)量程测量时,扳到"高周"],将校正测量开关扳到"校正",调节校正调节器,使指示在满度。

(9)当用 0～0.1 μS/cm 或 0～0.3 μS/cm 这两挡测量高纯水时,先把电极插头插入电极插孔,在电极未浸入溶液前,调节电容补偿调节器使电表指示为最小值(此最小值即电极铂片间的漏电阻,由于此漏电阻的存在,调节电容补偿调节器时电表指针不能达到零点)。

2) 25 ℃下溶液电导率的测定

将电导电极分别插入不同的电解质溶液中,按下"校准/测量"键,使其处于"测量"状态(即按钮向上弹起状态)。将"量程"开关置于合适的量程挡。仪器显示稳定后读数。

5. 注意事项

(1)电导电极的种类不同,则用途不同。

电导电极一般分为二电极式和多电极式两种类型。

二电极式电导电极是目前国内使用最多的电导电极类型,实验室用二电极式电导电极的结构是将二片铂片烧结在两平行玻璃片或圆形玻璃管的内壁上,调节铂片的面积和距离,就可以制成不同常数值的电导电极。通常有 $K=1$ cm^{-1}、$K=5$ cm^{-1}、$K=10$ cm^{-1} 等类型。而在线电导率仪上使用的二电极式电导电极常制成圆柱形对称的电极。当 $K=1$ cm^{-1} 时,常采用石墨;当 $K=0.1$ cm^{-1}、$K=0.01$ cm^{-1} 时,材料可以是不锈钢或钛合金。

多电极式电导电极一般在支持体上有几个环状的电极,通过环状电极的串联和并联的不同组合,可以制成不同常数的电导电极。环状电极的材料可以是石墨、不锈钢、钛合金和铂金。

(2)要对电导电极常数进行校准。

根据公式 $K=S/G$,电导电极常数 K 可以通过测量电导电极在一定浓度的 KCl 溶液中的电导 G 来求得,此时 KCl 溶液的电导率 S 是已知的(表 2-1)。由于测量溶液的浓度和温度不同,测量仪器的精度和频率也不同,电导电极常数 K 有时会出现较大的误差,使用一段时间后,电导电极常数也可能有变化,因此,新购的电导电极,以及使用一段时间后的电导电极,电导电极常数应重新测量标定,电导电极常数测量时应注意以下几点:

①测量时应采用配套使用的电导率仪,不要采用其他型号的电导率仪;

②测量电导电极常数的 KCl 溶液的温度,以接近实际被测溶液的温度为好;

③测量电导电极常数的 KCl 溶液的浓度,以接近实际被测溶液的浓度为好。

表 2-1　KCl 溶液的电导率*

$t/℃$	$c/(mol/L)$			
	1.000**	0.1000	0.0200	0.0100
0	0.06541	0.00715	0.001521	0.000776
5	0.07414	0.00822	0.001752	0.000896
10	0.08319	0.00933	0.001994	0.001020
15	0.09252	0.01048	0.002243	0.001147
16	0.09441	0.01072	0.002294	0.001173
17	0.09631	0.01095	0.002345	0.001199
18	0.09822	0.01119	0.002397	0.001225
19	0.10014	0.01143	0.002449	0.001251
20	0.10207	0.01167	0.002501	0.001278

t/℃	c/(mol/L)			
	1.000**	0.1000	0.0200	0.0100
21	0.10400	0.01191	0.002553	0.001305
22	0.10594	0.01215	0.002606	0.001332
23	0.10789	0.01239	0.002659	0.001359
24	0.10984	0.01264	0.002712	0.001386
25	0.11180	0.01288	0.002765	0.001413
26	0.11377	0.01313	0.002819	0.001441
27	0.11574	0.01337	0.002873	0.001468
28	—	0.01362	0.002927	0.001496
29	—	0.01387	0.002981	0.001524
30	—	0.01412	0.003036	0.001552
35	—	0.01539	0.003312	—
36	—	0.01564	0.003368	—

* 电导率单位为 S/cm；

** 在空气中称取 74.56 g KCl,溶于 18 ℃水中,稀释到 1 L,其浓度为 1.000 mol/L(密度为 1.0449 g/cm³),再稀释得其他浓度的溶液。

实验二 变压吸附实验

一、实验目的

(1)了解和掌握连续变压吸附过程的基本原理和流程;
(2)了解和掌握影响变压吸附效果的主要因素;
(3)了解和掌握碳分子筛变压吸附提纯氮气的基本原理;
(4)了解和掌握吸附床穿透曲线的测定方法,了解穿透曲线的影响因素。

二、实验原理

本实验将以空气为原料,以碳分子筛为吸附剂,通过变压吸附的方法分离空气中的氮气和氧气,达到提纯氮气的目的。

碳分子筛吸附分离空气中 N_2 和 O_2 就是基于两者在扩散速率上的差异。N_2 和 O_2 都是非极性分子,分子直径十分接近(O_2 为 0.28 nm,N_2 为 0.3 nm),由于两者的物性相近,与碳分子筛表面的结合力差异不大,因此,从热力学(吸收平衡)角度看,碳分子筛对 N_2 和 O_2 的吸附并无选择性,难以使两者分离。然而,从动力学角度看,由于碳分子筛是一种速率分离型吸附剂,N_2 和 O_2 在碳分子筛微孔内的扩散速度存在明显差异,如 35 ℃时,O_2 的扩散速度比 N_2 快 30 倍,因此当空气与碳分子筛接触时,O_2 将优先吸附于碳分子筛而从空气中分离出来,使得空气中的 N_2 得以提纯。由于该吸附分离过程是一个速率控制的过程,因此,吸附时间的控制(即吸附-解吸循环速率的控制)非常重要。当吸附剂用量、吸附压力、气体流速一定时,适宜的吸附时间可通过测定吸附柱的穿透曲线来确定。

所谓穿透曲线,就是出口流体中被吸附物质(即吸附质)的浓度随时间的变化曲线。典型的穿透曲线如图 2-3 所示,由图可见,吸附质的出口浓度变化曲线呈 S 形,ζ 形曲线对应的床层长度称为吸附物质区(MTZ)。在曲线的下拐点(a 点)之前,吸附质的浓度基本不变(控制在要求的浓度之下),此时,出口产品是合格的。越过下拐点之后,吸附质的浓度随时间增加,到达上拐点(b 点)后趋于进口浓度,此时,床层已趋于饱和,通常将下拐点(a 点)称为穿透点,上拐点(b 点)称为饱和点。通常将出口浓度达到进口浓度的 95% 的点确定为饱和点,而穿透点的浓度应根据产品质量要求来定,一般略高于目标值。本实验要求 N_2 的浓度不小于 97%,即出口 O_2 浓度应不大于 3%,因此将穿透点定为 O_2 浓度在 2.5%~3.0%。

图 2-3 中,C_E 为饱和点处吸收质的出口浓度(g/L),C_m 为 $\frac{1}{4}$ 有效吸附区的碳分子筛被吸附质所饱和时对应的吸附质出口浓度(g/L),C_n 为 $\frac{1}{2}$ 有效吸附区的碳分子筛被吸附质所饱和时对应的吸附质出口浓度(g/L),t_0 为透过点时间(h),t_E 为饱和

时间(h)，$t_R = t_E - t_0$。

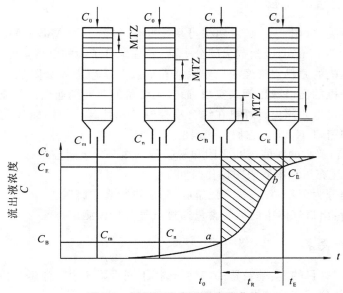

图 2-3 恒温固定床吸附穿透曲线

为确保产品质量，在实际生产中吸附柱有效工作区应控制在穿透点之前。因此，穿透点(a点)的确定是吸附过程研究的重要内容。利用穿透点对应的时间(t_0)可以确定吸附装置的最佳吸附操作时间和吸附剂的动态吸附容量，而动态吸附容量是吸附装置设计放大的重要依据。

动态吸附容量的定义为：从吸附开始直至穿透点(a点)的时段内，单位质量的吸附剂对吸附质的吸附量(即吸附质的质量/吸附剂质量或体积)。其计算式为

$$动态吸附容量 \ G = \frac{V t_0 (C_0 - C_B)}{W}$$

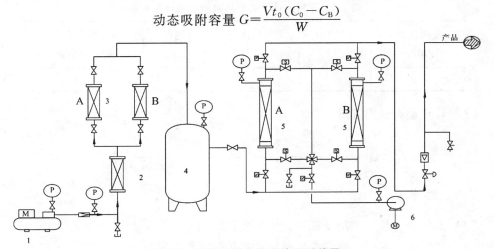

图 2-4 恒温可切换固定床吸附装置

1—空气压缩机；2—脱油柱；3—脱水柱；4—缓冲罐；5—吸附柱；6—水环式真空泵

三 、实验装置特性

变压吸附装置(图 2-4)是由两根可切换操作的吸附柱(A/B柱)构成,吸附柱尺寸为ϕ 36 mm×450 mm,吸附剂为碳分子筛,各柱碳分子筛的装填量为 247 g。

来自空压机的原料空气经脱油器脱油和硅胶脱水后进入吸附柱,吸附压力变化通过调节压缩机的出口减压阀来实现,而吸附流量的改变则通过调节流量阀来控制。气流的切换通过电磁阀由计算机在线自动控制。在计算机控制面板上,有两个可自由设定的时间窗口 K_1、K_2,它们所代表的含义如下。

K_1:吸附和解吸的时间(注:吸附和解吸分别在两个吸附柱进行)。

K_2:吸附柱充压和串联吸附操作时间。

解吸过程分为两步,首先是常压解吸,随后进行真空解吸。

气体分析:出口气体中的氧气含量通过氧气分析仪测定。

四、实验要求

(1)根据实验目的、实验装置的特性,选择不同吸附压力和流量,自行设计方案进行实验操作,并分析实验结果。

(2)通过实验,完成实验报告及思考题。

五 、实验数据处理与实验报告要求

(1)根据实验数据,标绘出该气体流量下的穿透曲线。

(2)若将出口氧气浓度为 3.0% 的点确定为穿透点,请根据穿透曲线确定穿透点出现的时间 t_0,记录于表 2-2 中。

表 2-2　不同条件下的动态吸附容量计算结果

吸附压力 /MPa	吸附温度 /℃	实际气体流量 /(L/h)	穿透时间 /min	动态吸附容量/ (g 氧气/g 吸附剂)

(3)计算动态吸附容量:

$$G=\frac{V_N \times \dfrac{29}{22.4} \times t_0 \times (y_0 - y_B)}{W}, \quad V_N=\frac{T_0 p}{T p_0}V$$

六、思考题

(1)本实验为什么采用变压吸附而非变温吸附?

(2)如何通过实验来确定本实验装置的最佳吸附时间?

(3)在本装置中,一个完整的吸附循环包括哪些操作步骤?

（4）气体的流速对吸附剂的穿透时间和动态吸附容量有何影响？为什么？

（5）吸附压力对吸附剂的穿透时间和动态吸附容量有何影响？为什么？

（6）请改变实验条件（如气体流量、吸附压力等），重新设计方案并进行实验验证。该吸附装置在提纯氮气的同时，还具有富集氧气的作用，如果实验目的是为了获得富氧，实验装置及操作方案应进行哪些改动？请设计方案并进行实验。

（7）根据自己设计的实验方案，解决以下问题：

①气体的流速对吸附剂的穿透时间和动态吸附容量有何影响？为什么？

②吸附压力对吸附剂的穿透时间和动态吸附容量有何影响？为什么？

③根据实验结果，你认为本实验装置的吸附时间应该控制在多少合适？

七、主要符号说明

A——吸附柱的截面面积，cm^2；

C_0——吸附质的进口浓度，g/L；

C_B——穿透点处，吸附质的出口浓度，g/L；

G——动态吸附容量，g/g；

p——实际操作压力，MPa；

p_0——标准状态下的压力，MPa；

T——实际操作温度，K；

T_0——标准状态下的温度，K；

V——实际气体流量，L/min 或 L/h；

V_N——标准状态下的气体流量，L/min 或 L/h；

t_0——达到穿透点的时间，s；

y_0——空气中氧气的质量分数，%；

y_B——穿透点处，出口氧气的质量分数，%；

W——碳分子筛吸附剂的质量，g。

八、实验案例

本实验以空气为原料，以碳分子筛为吸附剂，通过变压吸附的方法进行实验。

1. 实验操作步骤

（1）实验准备：检查压缩机、真空泵、吸附设备和计算机控制系统之间的连接是否到位，氧分析仪是否校正，15 支取样针筒是否备齐。

（2）接通压缩机电源，开启吸附装置上的电源。

（3）开启真空泵上的电源开关，然后在计算机面板上启动真空泵。

（4）调节压缩机出口稳压阀，使输出压力稳定在 0.5 MPa（表压 0.4 MPa）。

（5）将计算机面板上的时间窗口分别设定为 $K_1=600$ s，$K_2=5$ s，启动设定框下方的"开始"按钮，系统运行 30 min 后，开始测定穿透曲线。

(6)调节气体流量阀,将流量控制在 3.0 L/h。

(7)穿透曲线测定方法:系统运行 30 min 后,观察计算机操作屏幕,从操作状态进入"K_1"的瞬间开始,迅速按下面板上的"计时"按钮,然后,每隔 1 min,用针筒在取样口处取样分析一次(若 $K_1=600$ s,取 10 个样),记录取样时间与样品氧含量的关系,同时记录吸附压力、温度和气体流量。

取样注意事项如下:

①每次取样 8~10 mL,将针筒对准取样口,取样阀旋钮可调节气速大小;

②取样后将针筒拔下,迅速用橡皮套封住针筒的开口处,以免空气渗入,影响分析结果。

(8)停车步骤:先按下 K_1、K_2 设定框下方的"停止操作"按钮,将时间参数重新设定为 $K_1=120$ s,$K_2=5$ s,然后启动设定框下方的"开始"按钮,让系统运行 10~15 min;系统运行 10~15 min 后,按下计算机面板上"停止操作"按钮,停止吸附操作;在计算机控制面板上关闭真空泵,然后关闭真空泵上的电源;关闭压缩机电源。

2. 实验数据记录

将实验数据记录于表 2-3 中。

表 2-3　穿透曲线测定数据

吸附温度 T/K:_____　　　压力 p/MPa:_____　　　气体流量 $V/(L/h)$:_____

吸附时间/s	出口氧质量分数 /(%)	吸附时间/s	出口氧质量分数/(%)

实验三　氨水系统气液相平衡数据的测定

一、实验目的

气液相平衡数据是工艺过程与气液吸收设备计算的基础数据。通过本实验,学习用静力法测定氨水系统气液相平衡数据的方法,以巩固有关知识,并掌握相平衡实验的基本技能。

二、实验原理

气液系统的相平衡数据主要是指气体在液体中的溶解度。

当气、液两相达平衡时,气相和液相中 i 组分的逸度必定相等,即

$$\hat{f}_i^V = \hat{f}_i^L$$

气相中 i 组分逸度为

$$\hat{f}_i^V = p y_i \hat{\varphi}_i^V$$

式中:$\hat{f}_i^V$、$\hat{f}_i^L$——气相和液相中 i 组分的逸度,MPa;

　　　y_i、$\hat{\varphi}_i^V$——气相中 i 组分的摩尔分数和逸度系数,无因次;

　　　p——系统压力,MPa。

根据相律,$F = C - \pi + 2$,即自由度＝独立组分数－相数＋条件数。二组分系统气液平衡时,自由度为 2,即在温度 T,压力 P,液相组成 x_1、x_2 及气相组成 y_1、y_2,共 6 个参数中,指定任意两个,则其余四个参数都将确定。

测定溶液挥发组分平衡分压的方法有静态法、流动法和循环法。其中,静态法是在密闭容器中,使气、液两相在一定温度下充分接触,经一定时间后达到平衡,用减压抽取法迅速取出气、液两相试样,经分析后得出平衡分压与液相组成的关系。此法流程简单,只需一个密闭容器即可。本实验采用静态法,在一定温度、加压条件下测定氨水系统的气相平衡分压,以获取液相组成和平衡分压的关系。

三、装置特性

实验装置如图 2-5 所示。

本实验中高压釜的不锈钢搅拌套管内有不锈钢搅拌桨,其上部连接是纯铁圆棒,可在搅拌套管外电磁线圈的作用下进行上下搅拌,是常用的相平衡测定装置,结构简单,但达到平衡的时间较长。电磁搅拌式高压釜配备有电磁搅拌器及其控制仪、电加热及其温度控制装置、加料装置及气液相样品测定装置。

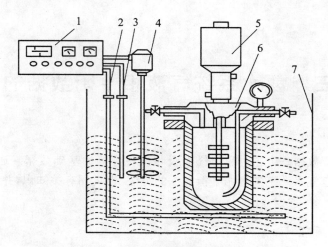

图 2-5   气液相平衡数据测定装置

1—控制器;2—加热器;3—测温元件;4—搅拌器;5—电磁搅拌器;6—高压釜;7—恒温槽

四、实验要求

(1)根据实验目的、实验装置的特性,选择实验条件,自行设计方案进行实验操作,并分析实验结果。

(2)通过实验,完成实验报告及思考题。

五、实验数据处理与实验报告要求

(1)根据分析数据,计算液相组成。

(2)画出在一定液相浓度下,以蒸气压的对数 $\lg p$ 为纵坐标,绝对温度的倒数 $1/T$ 为横坐标的直线关系图。

(3)实验结果讨论。

六、思考题

(1)测定气液相平衡数据的方法分为几种? 请试着说明它们的实验原理和基本装置、适用范围。

(2)如何进行设备的气密性检查?

(3)常采用哪些方法使系统加速达到平衡?

(4)如何判断实验系统达到平衡?

(5)在取样的过程中,何时取液相样,何时取气相样? 为什么?

七、实验案例

用化学纯氨水进行实验。

1．实验操作及步骤

(1)用真空泵把高压釜内气体抽掉。

注意事项如下：

①釜的液相阀要关闭；

②真空泵抽气管要接在高压釜气相管上；

③抽气时，当高压釜的气体抽好后，先关闭气相管阀门，然后拔掉真空橡皮管，关掉真空泵。

(2)用乳胶管把漏斗接在液相管阀门上，再把 250 mL 左右氨水从漏斗加入釜内。但不能让空气进入釜内。

根据《氮肥工艺设计手册》(理化数据分册)，在一定液相浓度下，氨水溶液的蒸气压与温度关系是以蒸气压的对数 $\lg p$ 为纵坐标，绝对温度的倒数 $1/T$ 为横坐标，呈直线关系。本实验分别测定三个温度下的对应平衡压力，取样分析最后一个平衡条件下液相的浓度。取样时的压力最好在 $0.04\sim0.08$ MPa，本实验结果是表明在氨水系统达到平衡时温度与压力之间的关系。

2．实验分析

(1)仪器及试剂：5 mL 移液管 1 支；1.8 mol/L 及 0.6 mol/L H_2SO_4 标准溶液，0.6 mol/L NaOH 标准溶液，酚酞指示剂；取样瓶、锥形瓶各 2 个；分析天平 1 台；50 mL 酸式、碱式滴定管各 1 支。

(2)取样分析：

①取样瓶中加入一定浓度、一定体积的 H_2SO_4 标准溶液，用分析天平称量，记下质量；

②排掉取样管内的"死液"；

③用橡皮管把取样瓶与取样口连接起来；

④边取样，边搅拌，取样瓶温度升高，觉得比较热时，关掉阀门；

⑤取好样，把橡皮管和釜取样口分开；

⑥准确称量后，把取样瓶的溶液倒入锥形瓶中，加入数滴酚酞指示剂，然后用酸、碱标准溶液分析样品的氨含量。

3．实验注意事项

(1)氨的刺激性很强，要防止氨喷到皮肤上，特别是眼睛，以免受伤。

(2)取样时，一边取样，一边摇晃。

(3)取好样时，溶液显中性或弱酸性为好。

4．数据记录

将实验数据记录于表 2-4、表 2-5 中。

表 2-4　平衡温度与平衡压力记录表

日期_____　　　　　　实验人员_____

室温(℃)_____　　　　大气压(MPa)_____

编号	平衡温度	平衡压力
1		
2		
3		

表 2-5　取样分析记录

样品	取样前重/g	取样后重/g	取样量/g	消耗酸体积/mL	消耗碱体积/mL	分析结果
液相样						

实验四 乙苯脱氢制备苯乙烯

一、实验目的

(1)了解以乙苯为原料,氧化铁系为催化剂,在固定床单管反应器中制备苯乙烯的过程;

(2)学会稳定工艺操作条件的方法。

二、实验原理

1. 主、副反应

主反应:

$$+H_2 \qquad 117.8 \text{ kJ/mol}$$

副反应:

$$+C_2H_4 \qquad 105 \text{ kJ/mol}$$

$$+C_2H_6 \qquad -31.5 \text{ kJ/mol}$$

$$+CH_4 \qquad -54.4 \text{ kJ/mol}$$

在水蒸气存在的条件下,还可能发生下列反应:

$$+2H_2O \longrightarrow \qquad +CO_2+3H_2$$

此外,还有芳烃脱氢缩合及苯乙烯聚合生成焦油和焦等。这些连串副反应的发生不仅使反应的选择性下降,而且极易使催化剂表面结焦进而活性下降。

2. 影响因素

(1)温度的影响:乙苯脱氢反应为吸热反应,$\Delta H^{\ominus} > 0$,从平衡常数与温度的关系式 $\left(\dfrac{\partial \ln K_p}{\partial T}\right)_p = \dfrac{\Delta H^{\ominus}}{RT^2}$ 可知,提高温度可增大平衡常数,从而提高脱氢反应的平衡转化率。但是温度过高则副反应增加,使苯乙烯选择性下降、能耗增大以及对设备材质的要求增加,故应控制适宜的反应温度。本实验的反应温度为 540~600 ℃。

(2)压力的影响:乙苯脱氢为体积增加的反应,从平衡常数与压力的关系式 $K_p = K_n\left(\dfrac{p_{总}}{\sum n_i}\right)^{\Delta\gamma}$ 可知,当 $\Delta\gamma > 0$ 时,降低总压 $p_{总}$ 可使 K_n 增大,从而增加反应的平衡转化率,故降低压力有利于平衡向脱氢方向移动。本实验加水蒸气的目的是降低乙苯的分压,以提高平衡转化率。较适宜的水蒸气用量为:水与乙苯之比为 1.5:1(体积比)或 8:1(物质的量比)。

(3)空速的影响:乙苯脱氢反应系统中有平衡副反应和连串副反应,随着接触时间的增加,副反应也增加,苯乙烯的选择性可能下降,适宜的空速与催化剂的活性及反应温度有关,本实验乙苯的空速以 0.6 h^{-1} 为宜。

3. 催化剂

本实验采用氧化铁系催化剂,其组成为 Fe_2O_3-CuO-K_2O-CeO_2。

三、装置特性及实验流程

实验流程如图 2-6 所示,装置具有以下特性:

(1)反应器、汽化器、冷凝器及接受器均为不锈钢材质;

(2)加料由微型计量泵或蠕动泵进行;

(3)反应器及汽化器由电加热,热电偶测温,温度仪表控温及显示。

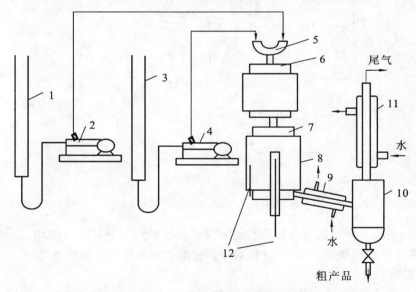

图 2-6　乙苯脱氢制备苯乙烯的工艺实验流程图
1—乙苯计量管;2、4—加料泵;3—水计量管;5—混合器;6—汽化器;7—反应器;
8—电热夹套;9、11—冷凝器;10—分离器;12—热电偶

四、实验要求

(1)根据实验目的、实验装置的特性,选择反应原料体系和实验条件,自行设计方案进行实验操作,并分析实验结果。

(2)通过实验,完成实验报告及思考题。

五、实验数据处理与实验报告要求

对实验数据进行处理,分别将转化率、选择性及收率对反应温度作出图表,找出最适宜的反应温度区域,并对所得实验结果进行讨论(包括曲线趋势的合理性、误差分析、成败原因等)。

六、思考题

(1)乙苯脱氢生成苯乙烯的反应是吸热还是放热反应? 如何判断? 如果是吸热反应,则反应温度为多少? 实验室里是如何来实现的? 工业上又是如何来实现的?

(2)对本反应而言,体积是增大还是减小? 加压有利还是减压有利? 工业上是如何来实现加、减压操作的? 本实验采用什么方法? 为什么加入水蒸气可以降低烃分压?

(3)在本实验中,你认为有哪几种液体产物生成? 哪几种气体产物生成? 如何分析?

(4)进行反应物料衡算,需要一些什么数据? 如何搜集并进行处理?

七、符号说明

$\Delta H_{298}^{\ominus}$——298 K 下标准焓,kJ/mol;

K_p、K_n——平衡常数;

n_i—— i 组分的物质的量;

$p_总$——压力,Pa;

R——摩尔气体常数;

T——温度,K;

$\Delta\gamma$——反应前后物质的量变化;

α——原料的转化率,%;

S——目的产物的选择性,%;

Y——目的产物的收率,%;

RF——消耗的原料量,g;

FF——原料加入量,g;

P——目的产物的量,g。

八、实验案例

以乙苯为原料,氧化铁系为催化剂,在固定床单管反应器中制备苯乙烯。

1. 反应条件控制

汽化温度为 300 ℃;脱氢反应温度为 540~600 ℃;水与乙苯之比(体积比)为 1.5∶1,相当于乙苯加料 0.5 mL/min,蒸馏水 0.75 mL/min(50 mL 催化剂)。

2. 操作步骤

(1)了解并熟悉实验装置及流程,弄清楚物料走向及加料、出料方法。

(2)接通电源,使汽化器、反应器分别逐步升温至预定的温度,同时打开冷却水。

(3)分别校正蒸馏水和乙苯的流量,使其分别为 0.75 mL/min 和 0.5 mL/min。

(4)当汽化器温度达到 300 ℃,反应器温度达 400 ℃左右后,开始加入已校正好流量的蒸馏水。当反应温度升至 500 ℃左右,加入已校正好流量的乙苯,继续升温至 540 ℃,使之稳定 30 min。

(5)反应开始后每隔 15 min 取一次数据,每个温度至少取两个数据,将粗产品从分离器中放入量筒内。然后用分液漏斗分去水层,称出烃层液质量。

(6)取少量烃层液样品,用气相色谱分析其组成,并计算出各组分的质量分数。

(7)反应结束后,停止加乙苯。反应温度维持在 500 ℃左右,继续通水蒸气,进行催化剂的清焦再生,约 30 min 后停止通水,并降温。关闭加料泵、各电加热器按钮、冷却水阀门及总电源。

3. 实验数据记录

(1)原始记录:见表 2-6。

表 2-6 乙苯脱氢实验原始记录

时间	温度/℃		原料流量/(mL/min)						粗产品质量/g		尾气量/mL
	汽化器	反应器	乙苯			水			烃层液	水层	
			始	终	差值	始	终	差值			

(2)粗产品分析结果:见表 2-7。

表 2-7 乙苯脱氢实验粗产品分析结果

反应温度/℃	乙苯加入量/g	粗产品							
		苯		甲苯		乙苯		苯乙烯	
		质量分数/(%)	质量/g	质量分数/(%)	质量/g	质量分数/(%)	质量/g	质量分数/(%)	质量/g

(3)计算结果:

乙苯的转化率 $\alpha = \dfrac{RF}{FF} \times 100\%$

苯乙烯的选择性 $S = \dfrac{P}{RF} \times 100\%$

苯乙烯的收率 $Y = \alpha S \times 100\%$

实验五　填料塔分离效率的测定

一、实验目的

由于精馏系统中低沸组分与高沸组分在表面张力上存在差异,因此气液界面上会形成表面张力梯度,表面张力梯度不仅能引起表面的强烈运动,而且可导致表面的蔓延或收缩。这与填料表面液膜的稳定或破坏以及传质速率都有密切关系,进而影响分离效率。

本实验在全回流操作条件下对填料塔进行研究,其目的在于:

(1)测定研究体系在正、负系统范围内的等板高度(HETP);

(2)了解系统表面张力对填料精馏塔效率的影响机理。

二、实验原理

根据热力学分析,为使喷淋液能很好地润湿填料表面,在选择填料的材质时,要使固体的表面张力 σ_{SV} 大于液体的表面张力 σ_{LV}。然而有时虽已满足上述热力学条件,但液膜仍会破裂形成沟流,这是由于混合液中低沸组分与高沸组分表面张力不同,随着塔内传质传热的进行,形成表面张力梯度,造成填料表面液膜的破碎,从而影响分离效果。

根据系统中组分表面张力的大小,可将二元精馏系统分为下列三类:

(1)正系统:低沸组分的表面张力 σ_l 较低,即 $\sigma_l < \sigma_h$。当回流液下降时,液体的表面张力 σ_{LV} 逐渐增大。

(2)负系统:与正系统相反,低沸组分的表面张力 σ_l 较高,即 $\sigma_l > \sigma_h$。因而回流液下降过程中表面张力 σ_{LV} 逐渐减小。

(3)中性系统:系统中低沸组分的表面张力与高沸组分的表面张力相近,即 $\sigma_l \approx \sigma_h$,或两组分的挥发度差异甚小,使得回流液的表面张力值并不随着塔中的位置有太大变化。

在精馏操作中,由于传质与传热的结果,液膜表面不同区域的浓度或温度不均匀,使表面张力发生局部变化,形成表面张力梯度,从而引起表面层内液体的运动,产生玛兰哥尼(Marangoni)效应。这一效应可引起界面处的不稳定,形成旋涡;也会造成界面的切向和法向脉动,而这些脉动有时又会引起界面的局部破裂,因此由玛兰哥尼效应引起的局部流体运动反过来又影响传热传质。

填料塔内相际接触面积的大小取决于液膜的稳定性,若液膜不稳定,液膜破裂形成沟流,使相际接触面积减少。由于液膜不均匀,传质也不均匀,液膜较薄的部分轻组分传出较多,重组分传入也较多,于是液膜薄的地方轻组分含量就比液膜厚的地方小,对正系统而言,如图 2-7 所示,由于轻组分的表面张力小于重组分的,液膜薄的地方表面张力较大,而液膜较厚部分的表面张力比较薄处的小,表面张力差推动液体从较厚处流向较薄处,这样液膜修复,变得稳定。对于负系统,则情况相反,在液膜较薄

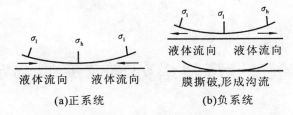

(a)正系统　　　　　　　(b)负系统

图 2-7　表面张力梯度对液膜稳定性的影响

部分的表面张力比液膜较厚部分的小,表面张力差使液体从较薄处流向较厚处,这样液膜被撕裂形成沟流。实验证明,正、负系统在填料塔中具有不同的传质效率,负系统的等板高度可比正系统大一倍甚至一倍以上。

三、装置特性

本实验所用的玻璃填料塔内径为 31 mm,填料层高度为 540 mm,内装 4 mm×4 mm ×1 mm磁拉西环填料,整个塔体采用导电透明薄膜进行保温。蒸馏釜为 1000 mL 圆底烧瓶,用功率为 350 W 的电热包加热。塔顶装有冷凝器,在填料层的上、下两端各有一个取样装置,其上有温度计套管,可插温度计(或铜电阻)测温。塔釜加热量用可控硅调压器调节,塔身保温部分也用可控硅调压器对保温电流大小进行调节,实验装置如图 2-8 所示。

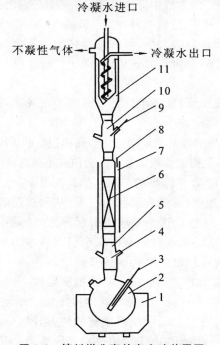

图 2-8　填料塔分离效率实验装置图

1—电热包;2—蒸馏釜;3—釜温度计;4—塔底取样段温度计套管;5—塔底取样装置;6—填料塔;
7—保温夹套;8—保温夹套温度计;9—塔顶取样段温度计;10—塔顶取样装置;11—冷凝器

四、实验要求

(1)根据实验目的、实验装置的特性,选择合适的研究系统以及实验条件,自行设计方案进行实验操作,并分析实验结果。

(2)通过实验,完成实验报告及思考题。

五、实验数据处理与实验报告要求

根据研究系统的气液相平衡数据,用图解法分别求出正、负系统的理论板数,根据填料层高度,就可分别计算出正、负系统的等板高度,进而深入理解系统表面张力对填料精馏塔效率的影响机理。要求写清计算步骤;与实验结论比较,分析偏差原因。

六、思考题

(1)何谓正系统、负系统? 正、负系统对填料塔的效率有何影响?

(2)从工程角度出发,讨论研究正、负系统对填料塔效率的影响有何意义。

(3)本实验通过怎样的方法得知负系统的等板高度大于正系统的?

(4)设计一个实验方案,包括如何做正系统与负系统的实验,如何配制溶液。

(5)对于研究系统的 y-x 图中共沸点的两边,如何判断哪边为正系统,哪边为负系统?

(6)估计一下正、负系统范围内塔顶、塔釜的浓度。

(7)操作中要注意哪些问题?

(8)设计记录实验数据的表格。

(9)提出分析研究系统中样品含量的方案。

七、主要符号说明

x——液相中易挥发组分的摩尔分数;

σ——表面张力;

y——气相中易挥发组分的摩尔分数。

八、实验案例

以甲酸-水系统进行实验。

1. 实验步骤及方法

(1)实验分别在正系统与负系统的范围下进行。

正系统:将配制的甲酸-水溶液加入塔釜,并加入沸石;打开冷却水,合上电源开关,由调压器控制塔釜的加热量与塔身的保温电流;待操作稳定后,用长针头注射器在上、下两个取样口取样分析。

负系统:待正系统实验结束后,根据计算结果加入一定量的水,使之进入负系统浓度范围,其他步骤同上。

(2)实验结束,关闭电源及冷却水,待釜液冷却后倒入废液桶中。

(3)本实验以酚酞作为指示剂,用 NaOH 标准溶液滴定待测样品中甲酸的含量。

2. 操作要点

(1)将配制的溶液加入塔釜后,一定要加入沸石,以免实验过程中出现暴沸现象;

(2)正系统实验做完后,要先关闭电源,待蒸馏釜中的溶液不沸腾后,再从加料口将一定量的水沿器壁缓慢加入蒸馏釜中,以免暴沸;

(3)为保持正、负系统在相同的操作条件下进行实验,应保持塔釜加热电压不变,塔身保温电流不变,以及塔顶冷却水量不变;

(4)本实验为全回流操作,为保证多次取样结果相同,要待操作稳定后,才可取样分析;

(5)在用长针头注射器进行取样时,为了保证取样准确,必须先润洗;

(6)要选用合适的分析测试样品的方法,注意标准溶液的配制及滴定终点的判定,一旦失误,必须重做。

3. 实验数据的记录

(1)将实验数据及实验结果列表;

(2)根据研究系统的气液相平衡数据,作出研究系统的 y-x 图;

(3)在图上画出全回流时正、负系统的理论板数;

(4)求出正、负系统相应的等板高度。

实验六　固体小球对流传热系数的测定

工程上经常遇到凭借流体宏观运动将热量传给壁面或者由壁面将热量传给流体的过程,此过程通称对流传热(或给热)。流体的性质、流体的流动状况、周围的环境都会影响对流传热。了解与测定各种环境下的对流传热系数具有重大的实际意义。

一、实验目的

(1)测定不同环境与小铜球之间的对流传热系数,并对所得结果进行比较;
(2)了解非定态导热的特点以及毕奥数(Bi)的物理意义;
(3)熟悉流化床和固定床的操作方法。

二、实验原理

自然界和工程上,热量传递机理有传导、对流和辐射。传热时可能几种机理同时存在,也可能以某种机理为主,不同的机理对应于不同的传热方式或规律。

本实验将一直径为 d_s、温度为 T_0 的小铜球(或钢球),置于温度恒为 T_f 的周围环境中,由于 T_f 不等于 T_0,小铜球必然受到加热或冷却。在传热过程中,小铜球的温度显然随时间而变化,这是一个非定态导热过程。在实验中所用铜球的体积非常小,而导热系数又比较大,可以认为铜球内不存在温度梯度,即整个球体的温度是均匀一致的,于是根据热平衡原理,球体热量随时间的变化率应等于通过对流换热向周围环境的散热速率。

$$-\rho C V \frac{\mathrm{d}T}{\mathrm{d}t} = \alpha A(T - T_f) \tag{1}$$

$$\frac{\mathrm{d}(T - T_f)}{T - T_f} = -\frac{\alpha A}{\rho C V} \mathrm{d}t \tag{2}$$

初始条件:$t=0$,$T-T_f=T_0-T_f$,式(2)积分得

$$\int_{T_0-T_f}^{T-T_f} \frac{\mathrm{d}(T-T_f)}{T-T_f} = -\frac{\alpha A}{\rho C V} \int_0^t \mathrm{d}t$$

$$\frac{T - T_f}{T_0 - T_f} = \exp\left(-\frac{\alpha A}{\rho C V} \cdot t\right) = \exp(-Bi \cdot Fo) \tag{3}$$

即

$$Fo = \frac{\alpha t}{\left(\dfrac{V}{A}\right)^2} \tag{4}$$

定义时间常数 $\tau = \dfrac{\rho C V}{\alpha A}$,分析式(3)可知,当物体与环境间的热交换经历了四倍于时间

常数的时间后,即 $t=4\tau$,可得:$\frac{T-T_f}{T_0-T_f}=e^{-4}=0.018$。表明过余温度 $T-T_f$ 的变化已达 98.2%,以后的变化仅剩 1.8%,对工程计算来说,往后可近似作定常数处理。

对流传热系数

$$\alpha=\frac{\rho C d_s}{6}\cdot\frac{1}{t}\ln\frac{T_0-T_f}{T-T_f} \tag{5}$$

对于小铜球,有 $\frac{V}{A}=\frac{R}{3}=\frac{d_s}{6}$,因此

$$Nu=\frac{\alpha d_s}{\lambda}=\frac{\rho C d_s^2}{6\lambda}\cdot\frac{1}{t}\ln\frac{T_0-T_f}{T-T_f} \tag{6}$$

通过实验可测得小铜球在不同环境和流动状态下的冷却曲线,由温度记录仪记下 T-t 的关系,就可由式(5)和式(6)求出相应的 α 和 Nu 的值。

对于气体在 $20<Re<180000$ 范围,即高 Re 下换热的经验式为

$$Nu=\frac{\alpha d_s}{\lambda}=0.37Re^{0.6}Pr^{\frac{1}{3}} \tag{7}$$

若在静止流体中换热,则 $Nu=2$。

物体的突然加热和冷却过程属于非定态导热过程,此时导热物体内的温度,既是空间位置又是时间的函数,即 $T=f(x,y,z,t)$。物体在导热介质的加热或冷却过程中,导热速率同时取决于物体内部的导热热阻以及环境间的外部对流热阻。为了简化,对于不少问题可以忽略两者之一进行处理。然而能否简化,需要确定一个判据。通常定义无因次准数毕奥数(Bi),即物体内部导热热阻与物体外部对流热阻之比进行判断。

$$Bi=\frac{内部导热热阻}{外部对流热阻}=\frac{\frac{\delta}{\lambda}}{\frac{1}{\alpha}}=\frac{\alpha V}{\lambda A} \tag{8}$$

式中:δ——特征尺寸,$\delta=\frac{V}{A}$,对于球体为 $R/3$。

若 Bi 很小,$\frac{\delta}{\lambda}\ll\frac{1}{\alpha}$,表明内部导热热阻≪外部对流热阻,此时,可忽略内部导热热阻,简化为整个物体的温度均匀一致,使温度仅为时间的函数,即 $T=f(t)$。这种将系统简化为具有均一性质进行处理的方法,称为集总参数法。实验表明,只要 $Bi<0.1$,忽略内部导热热阻进行计算,其误差不大于 5%,通常为工程计算所允许。

三、实验装置

实验装置如图 2-9 所示。实验装置由气泵(风机)、砂粒床层(内径为 75 mm)、管式加热炉、玻璃转子流量计、嵌有热电偶的铜球(直径为 20 mm)、温控仪表、温度显示仪表、管路调节阀门以及计算机控制单元等组成。

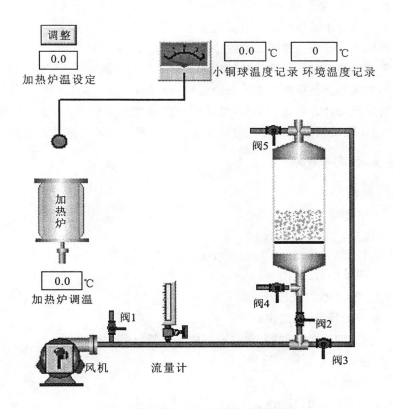

图 2-9　测定对流传热系数实验装置图

四、实验要求

(1)根据实验目的、实验装置的特性,选择实验条件,自行设计方案进行实验操作,并分析实验结果。

(2)通过实验,完成实验报告及思考题。

五、实验数据处理与实验报告要求

根据计算机实验记录及有关物性数据,进行相关计算:

(1)计算不同环境和流动状态下的对流传热系数 α;

(2)计算实验用小铜球的 Bi 值,确定其值是否小于 0.1;

(3)将实验值与理论值进行比较。

六、思考题

(1)影响热量传递的因素有哪些?

（2）Bi 的物理含义是什么？

（3）本实验对小球体的选择有哪些要求？为什么？

（4）对比不同环境条件下的对流传热系数。

（5）每次实验的时间需要多长？应如何判断实验结束？

（6）本实验需查找哪些数据？需测定哪些数据？

（7）请重新设计方案进行实验，设计原始实验数据记录表，并进行实验验证。对实验方法与实验结果进行讨论。分析实验结果同理论值发生偏差的原因。

七、主要符号说明

A——面积，m^2；

Bi——毕奥数，无因次；

C——比热，$J/(kg \cdot K)$；

d_s——小球直径，m；

Fo——傅里叶数，无因次；

Nu——努塞尔数，无因次；

Pr——普朗特数，无因次；

q_y——y 方向上单位时间、单位面积的导热量，$J/(m^2 \cdot s)$；

Q_y——y 方向上的导热速率，J/s；

R——半径，m；

Re——雷诺数，无因次；

T——温度，K 或 ℃；

T_0——初始温度，K 或 ℃；

T_f——流体温度，K 或 ℃；

T_w——壁温，K 或 ℃；

t——时间，s；

V——体积，m^3；

α——对流传热系数，$W/(m^2 \cdot K)$；

λ——导热系数，$W/(m \cdot K)$；

δ——特征尺寸，m；

ρ——密度，kg/m^3；

τ——时间常数，s；

μ——黏度，$Pa \cdot s$。

八、实验案例

以固体小铜球为对象，进行对流传热系数的实验。

1. 实验步骤及方法

(1)测定小铜球的直径 d_s。

(2)通电。开启计算机,进入控制系统。

(3)打开管式加热炉的加热电源,调节加热温度至 400～500 ℃。

(4)待炉温稳定后,将嵌有热电偶的小铜球悬挂在加热炉中,当温度升至 400 ℃ 以上时,迅速取出小铜球,放在不同的环境条件下进行实验。对于小铜球的温度随时间变化的关系,由计算机自动采集曲线,该曲线称为冷却曲线。

(5)装置运行的环境条件有:自然对流、强制对流、固定床和流化床。流动状态有:层流和湍流。

(6)自然对流实验:将加热好的小铜球迅速取出,置于大气当中,尽量减少小铜球附近的大气扰动,点击计算机界面上的"自然对流"按钮,计算机记录下小铜球的冷却曲线。

(7)强制对流实验:迅速取出加热好的小铜球,置于反应器的塔身中,点击计算机界面上的"强制对流"按钮(将自动控制实验装置打开③、④阀,关闭②、⑤阀,开启风机),打开转子流量计阀门,调节空气流量使其达到实验所需值。记录下空气的流量,计算机记录下小铜球冷却曲线。

(8)固定床实验:点击计算机界面上的"固定床"按钮(将自动控制实验装置打开②、⑤阀,关闭③、④阀和风机),将砂粒层流化,迅速将加热好的小铜球插入反应器中的砂粒层底部(然后将自动控制实验装置打开③、④阀,关闭②、⑤阀),将小铜球埋于砂粒层中,记录下空气的流量,计算机记录下小铜球的冷却曲线。

(9)流化床实验:点击计算机界面上的"流化床"按钮(将自动控制实验装置打开②、⑤阀,关闭③、④阀,开启风机),打开转子流量计阀门,调节空气流量使其达到实验所需值。将加热好的小铜球迅速置于反应器中的流化层中,记录下空气的流量,计算机记录下小铜球的冷却曲线。

2. 操作装置要点

(1)开启电源,将管式加热炉进行预热,温度控制在 400～500 ℃。温度太高时会引入热辐射,造成测量误差,也容易损坏小铜球及热电偶;温度太低时,温差较小,易产生系统误差。

(2)快速将加热后的小铜球置于不同的环境中进行实验,以免造成记录读数误差。

(3)应注意流化床、固定床传热实验的正确操作。

实验时注意:不要将放空阀门关死。

(4)记录下小铜球直径和床层反应器内径。

(5)正确掌握采集曲线的结束时间(即时间常数的 4 倍或过余温度的 98.2%)。

(6)实验结束后,关闭加热炉和气泵电源。

(7)加热炉温度较高,请不要用手接触加热炉,以免烫伤。

实验七 利用组合膜装置处理含盐废水

现代膜技术起源于 20 世纪 60 年代,作为一门新型的分离、浓缩、提纯技术,发展十分迅速。在膜分离过程中,由于膜具有选择透过性,当膜两侧存在某种推动力(如压力差、浓度差、电位差等)时,原料侧组分选择性地透过膜,实现双组分或多组分的溶质与溶剂的分离。膜的透过性主要取决于膜材料的化学性质和分离膜的形态结构,因此,选用高选择性、高通量的膜和选择性能良好的膜组件是膜分离过程的关键。通常,膜材料按来源、形态和结构可分为天然膜和人工合成膜,有机膜和无机膜,对称膜和非对称膜,复合膜和多层复合膜等。膜组件是一定面积的膜以某种形式组装成的器件,常用的膜组件有管式、卷式、毛细管式、中空纤维和板框式。膜分离技术具有高效节能、无相变、设计简单、操作方便等优点,特别是它在常温下连续操作,对热敏性物质起保护作用,在食品加工、医药、生化技术领域有其独特的适用性。

一、实验目的

(1)学会独立设计实验方案,组织并实施;
(2)掌握评价膜性能的方法,确定实现含盐废水中有效组分分离的最佳操作条件;
(3)掌握膜分离的基本原理及实验技能。

二、实验原理

1. 膜分离的基本特征

已工业化应用的膜分离包括微滤(MF)、超滤(UF)、纳滤(NF)、反渗透(RO)、渗透汽化(PV)和气体分离(GS)等。根据不同的分离对象和要求,选用不同的膜过程。超滤、纳滤和反渗透都是以压力差为推动力的液相膜分离方法(表 2-8),其三级膜过程分离相对分子质量为十万的蛋白质分子到相对分子质量为几十的离子物质。

表 2-8 膜过程的分类及基本特征

膜过程	膜类型	压力差/MPa	传递机理	截留组分
超滤	非对称膜	0.1~1	筛分	1~20 nm 大分子溶质,如胶体、蛋白质
纳滤	非对称膜或复合膜	0.5~5	溶解-扩散(Donnan 效应)	1 nm 以上溶质,如离解酸、二价盐、糖
反渗透	非对称膜或复合膜	1~10	溶解-扩散;优先吸附-毛细管流动	1 nm 小分子溶质,如未离解酸、一价盐

(1)超滤 一般认为超滤是筛孔分离过程,膜表面具有无数微孔,这些实际存在的孔眼像筛子一样,截留住了分子直径大于孔径的溶质和颗粒,从而达到分离的目的。膜表面的化学性质也是影响超滤分离的重要因素。溶质被截留有三种方式:在膜表面机械截留(筛分)、在膜孔中停留(阻塞)、在膜表面及孔内吸附(吸附)。

(2)反渗透 通常认为反渗透膜是表面致密的无孔膜,只能通过溶剂(通常是水)而截留绝大多数溶质,反渗透过程以膜两侧静压差为推动力,克服溶剂的渗透压,实现液体混合物分离。反渗透膜的选择透过性与组分在膜中的溶解、吸附和扩散有关,还与膜的化学、物理性质有密切关系。

(3)纳滤 纳滤膜孔径范围在纳米级,截留相对分子质量数百的物质,其分离性能介于反渗透和超滤之间,其传质机理为溶解-扩散方式,由于纳滤膜大多数为荷电膜,它对无机盐的分离行为不仅受化学势梯度控制,而且受电势梯度影响。

2. 膜性能的表示方法

膜性能包括膜的物化稳定性和膜的分离透过性。膜的分离透过性主要指分离效率、渗透通量和通量衰减系数三方面,可通过实验测定。

1) 分离效率

对于溶液中蛋白质分子、糖、盐的脱除,分离效率可用截留率 R 表示:

$$R = \left(1 - \frac{C_p}{C_w}\right) \times 100\% \tag{1}$$

通常,实际测定的是溶质的表观分离率,其定义式为

$$R_{表} = \left(1 - \frac{C_p}{C_b}\right) \times 100\% \tag{2}$$

式中:C_b——溶质的主体溶液浓度;

C_w——高压侧膜与溶液的界面浓度;

C_p——膜的透过液浓度。

在某些以获取浓缩液为目的的膜分离过程(如大分子提纯、生物酶浓缩等)中,通常用原料的浓缩倍数来表示膜分离效率,其定义式为

$$N = \frac{C_d}{C_b} \tag{3}$$

式中,C_d——浓缩液浓度。

2) 渗透通量

渗透通量(J_w)通常用单位时间内通过单位膜面积的透过量表示,即

$$J_w = \frac{V}{St} \tag{4}$$

式中:V——透过液体积,mL;

S——膜有效面积,cm^2;

t——运行时间,h;

J_w——渗透通量,cm/h。

3）通量衰减系数

膜的渗透通量由于过程的浓差极化、膜的压密以及膜孔堵塞等原因将随时间而衰减,可表示为

$$J_t = J_1 t^m \tag{5}$$

式中:J_t、J_1——膜运转时间 t(h)和 1 h 后膜的渗透通量;

t——运转时间;

m——通量衰减系数。

3. 膜污染的防治

膜污染是指处理物料中的微粒、胶体粒子或溶质大分子与膜产生物化作用或机械作用,在膜表面或膜孔内吸附、沉积造成膜孔径变小或堵塞,从而产生膜通量下降、分离效率降低等不可逆变化。一旦料液与膜接触,膜污染即开始。因此,必须对膜进行及时清洗,包括物理清洗、化学清洗。清洗剂的选择取决于污染物的类型和膜材料的性质。

三、装置特性

1. 主要设备

本装置是中试型实验装置,可作为膜分离扩大工艺实验的设备,同时也可作为小批量生产设备使用。本装置将 2521 型卷式反渗透膜、纳滤膜、1 万超滤膜并联入系统装置,根据需要选择不同的膜组件进行分离实验。膜组件需单独使用,其中,超滤膜组件型号为 M-U2521PES10,截留相对分子质量为 10000;纳滤膜组件型号为 M-N2521A3;反渗透膜组件型号为 M-RO2521。膜有效面积为 1.1 m^2,室温下纯水通量为 40～50 L/h。该装置设计紧凑,滞留量小,系统允许压力为 0～1.6 MPa,超过压力范围时可启动自动保护,切断泵的工作电源。装置如图 2-10 所示。

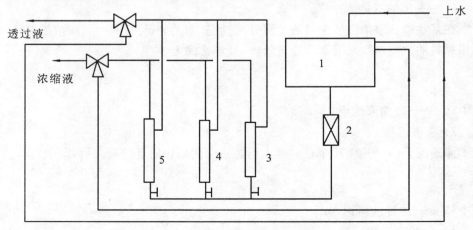

图 2-10　2521 型组合膜分离装置
1—高位槽;2—过滤器;3、4、5—膜组件

2.操作要点

料液由预过滤器增压泵输送到膜组件中,经膜分离后分成浓缩液和透过液,经转子流量计计量后分别收集,也可回到料液储槽。原料电导率可在线检测。

3. 分析方法

盐(氯化钠)浓度测定:采用 DDS-11A 型数字电导率仪进行电导率测定。

四、实验要求

(1)根据实验目的、实验装置的特性,选择废弃工业原料以及实验条件,自行设计方案进行实验操作,并分析实验结果。

(2)通过实验,完成实验报告及思考题。

五、实验数据处理与实验报告要求

分别按式(2)、式(4)、式(5)计算膜截留率、渗透通量、通量衰减系数;在坐标纸上绘制 R-p、J-p、R-t、J-t 关系曲线;记录含盐废水浓缩分离实验时,盐的浓缩倍数及回收率。

六、思考题

(1)请说明超滤膜、纳滤膜、反渗透膜的分离机理。

(2)分析操作压力、料液浓度对膜截留率的影响。

(3)提高料液温度对膜渗透通量有什么影响?

(4)纳滤膜表面通常带有负电荷,分离糖和无机盐的作用机理如何?

七、实验案例

反渗透膜是压力驱动型膜。通过实验确定操作压力、操作时间对膜截留率及渗透通量的影响(即 R-p、J-p、R-t、J-t 关系),提出实现单组分或多组分有效分离时的最优操作压力,计算膜通量衰减系数。考察膜分离性能。

1. 实验前准备

(1)对储槽内壁进行清洗,并对储槽下 Y 形过滤网进行清洗;

(2)在储槽内注入一定量的纯水,对管道进行低压清洗;

(3)用纯水低压(不高于 0.2 MPa)对膜组件清洗,时间为 20~30 min,去除其中的防腐液;

(4)待处理液体需微过滤,去除机械杂质,防止对膜组件的损坏(Y 形过滤器可替代);

(5)绘制各组分浓度测定标准曲线。

2. 实验步骤

(1)检查阀门:将系统排空阀关闭,将待用膜组件的进、出料阀打开(其余膜组件

阀关闭),将其余调节阀打开;

(2)将配制的废水加入储槽,占总体积的 2/3 左右;

(3)接通电源,开启输液增压泵;

(4)液体正常循环后(注意排气),逐步关闭回路阀,同时将浓缩液、透过液送回储槽中;

(5)逐步调节压力阀,使膜进口压力稳定在所需值,取样分析。取样方法:在储槽中取 30 mL 原料,同时取 30 mL 透过液,进行浓度分析,并记录浓缩液和透过液的流量计读数,若表面无法读数,可用秒表和量筒测量实际流量。

(6)重复步骤(5),得到不同操作压力下的分离结果,即 R-p、J-p 曲线,并记录 R-t、J-t 的关系曲线。

(7)停止实验时,先打开泵回路阀,调低系统压力,使其小于 0.2 MPa,再关闭输液泵及总电源。

(8)实验结束后,对膜组件及管路进行清洗,若停机超过一周,在组件中充入 2%~3%甲醛水溶液作为保护液,防止系统生菌。

3. 实验记录

将实验数据记录于表 2-9 中。

表 2-9　组合膜装置处理含盐废水实验记录表

室温/℃:_____　大气压力/MPa:_____　膜组件:_____　料液组分:_____

实验序号	操作压力/MPa	浓度/(mg/L)		流量/(L/h)	
		原料液	透过液	浓缩液	透过液

实验八　双驱动搅拌吸收器测定气液传质系数

一、实验目的

使用双驱动搅拌吸收器测定 K_2CO_3-CO_2 气液传质系数。通过实验,了解搅拌吸收器的特点、使用场合、使用方法,进而了解气液传质机理的研究方法。

二、实验原理

气液传质过程中,被吸收组分从气相传递到液相的整个过程取决于发生在气液界面两侧的扩散过程以及在液相中的化学反应过程,化学反应又影响组分在液相的传递。传质过程的阻力分成气膜阻力与液膜阻力。双驱动搅拌吸收器的主要特点是气相与液相是分别控制的,搅拌速度可以分别调节,所以适应面较宽。

测定某条件下的气液传质系数,首先测出单位时间、单位面积的传质量,并通过操作条件及气液平衡关系求出传质推动力。传质量的计算可以通过测定被吸收组分进入搅拌吸收器的量与流出搅拌吸收器的量之差值,或者通过测定搅拌吸收器的吸收液中被吸收组分的起始浓度与最终浓度之差值来确定。

本实验采用热 K_2CO_3 溶液吸收 CO_2,其中伴有化学反应的吸收过程,反应方程式为

$$K_2CO_3 + CO_2 + H_2O \Longrightarrow 2KHCO_3 \tag{1}$$

其反应机理为

$$CO_2 + OH^- \Longrightarrow HCO_3^- \tag{2}$$

$$CO_2 + H_2O \Longrightarrow HCO_3^- + H^+ \tag{3}$$

当温度高于 50 ℃,热 K_2CO_3 溶液的 pH$>$10 时,反应(3)的速率可以忽略,仅考虑反应(2)即可。而且反应(2)可简化成拟一级反应。

CO_2 从气相主体扩散到气液界面,在界面与溶液中的 OH^- 进行化学反应并向液相主体扩散。若气膜阻力可以忽略,则吸收速率的表达式(下标"A"表示 CO_2)为

$$N_A = \beta K_L (C_A - C_{AL}^*) \tag{4}$$

CO_2 在溶液中的物理溶解量满足亨利定律,即

$$C_A = H p_A \tag{5}$$

将式(5)代入式(4),则有

$$N_A = K(p_A - p_{AL}^*) \tag{6}$$

据此可得

$$K = \frac{N_A}{p_A - p_{AL}^*} \tag{7}$$

可见，要获得 CO_2 吸收的气液传质系数（K），必须设法求取吸收速率（N_A）、CO_2 的气相分压（p_A）和液相 CO_2 的平衡分压（p_{AL}^*）。其中，吸收速率（N_A）和 CO_2 的气相分压（p_A）可由实验测定。

液相 CO_2 平衡分压（p_{AL}^*）可由下式求得：

$$p_{AL}^* = 1.98 \times 10^8 \times C_B^{0.4} \left(\frac{f^2}{1-f} \right) \exp\left(-\frac{8160}{T} \right) \tag{8}$$

式中：f——K_2CO_3 的转化度，其定义为溶液中反应掉的 K_2CO_3 量与 K_2CO_3 的初始量之比，可由实验数据求取；

C_B——K_2CO_3 的初始浓度，mol/L。

综上所述，本实验就是通过测定 N_A、p_A、f、T，进而由式（7）和式（8）确定气液传质系数。

三、装置特性

1. 实验装置图
实验装置如图 2-11 所示。

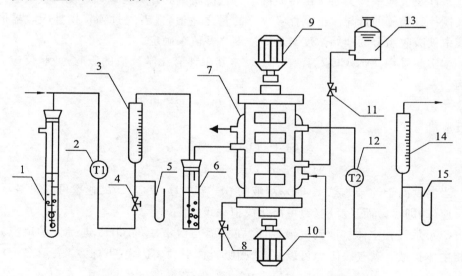

图 2-11　双驱动搅拌吸收器实验流程示意图

1—气体稳压管；2、12—气体温度计；3、14—皂膜流量计；4—气体调节阀；5、15—压差计；
6—水饱和器；7—双驱动搅拌吸收器；8—吸收液取样阀；9、10—直流电动机；11—弹簧夹；13—吸收剂瓶

2. 设备特点
（1）气相及液相的搅拌速度可通过 2 台直流电动机分别控制调节，搅拌转速由数字仪显示。

(2)可测定不同条件下的气液传质系数,也可用来研究未知物系的气液传质机理。

(3)气液传质界面面积为已知固定值,$F=2.64\times10^{-3}\,m^2$。

3. 设备主要部件

(1)气体调节阀:调节气体进口流量。

(2)超级恒温槽:控制水浴温度,保持液相温度恒定。

(3)水饱和器:玻璃水饱和器置于恒温槽中,CO_2 气体经水饱和器增湿后进入吸收系统,可保持系统水平衡。

(4)转速控制仪:通过 2 台可控直流电动机控制气相和液相的转速,并由数字仪显示。

(5)皂膜流量计:用于测定气体进、出口的瞬时流量。

(6)U 形压差计:用于测定气体进、出口压力。

(7)酸分解装置:通过量气管测量,得到单位体积液体吸收的 CO_2 量。

四、实验要求

(1)根据实验目的、实验装置的特性,选择反应体系以及实验条件,自行设计方案进行实验操作,并分析实验结果。

(2)通过实验,完成实验报告及思考题。

五、实验数据处理与实验报告要求

(1)标绘瞬间吸收速率随时间的变化曲线,讨论曲线规律。

(2)根据实验中获取的数据,计算出本实验条件下的平均传质系数。

(3)对本实验中的现象及结果分别进行讨论,包括实验误差分析和非正常现象解释,并提出意见和建议。

六、思考题

(1)本实验中需要记录哪些数据? 如何求取 N_A、p_A、p_{AL}^*。

(2)本实验测定过程中的误差来源是什么?

(3)本实验用纯 CO_2 有什么目的?

(4)实验前为何要用 CO_2 置换实验装置中的空气?

(5)气体进入搅拌吸收器前为何要通过水饱和器?

(6)气体稳压管的作用是什么?

(7)实验时测定大气压有何用处?

(8)酸解出的 CO_2 为何要同时测定温度?

七、主要符号说明

N_A——单位时间、单位面积传递的 CO_2 量；

β——增大因子；

K_L——液相传质系数；

K——K_2CO_3 吸收 CO_2 的气液传质系数；

C_A——气相中 CO_2 的平衡浓度；

C_{AL}^*——液相中的 CO_2 浓度；

H——CO_2 的溶解度系数；

p_A——CO_2 分压，为总压与吸收液面上饱和水蒸气压之差；

p_{AL}^*——吸收液上 CO_2 的平衡分压；

C_B——K_2CO_3 的初始浓度，mol/L；

T——吸收器内温度，K；

F——气液传质界面的面积，m^2；

f——K_2CO_3 的转化度。

八、实验案例

1. 实验的准备工作

药品：K_2CO_3(CP)1000 g；H_2SO_4(CP)500 g；去离子水 5000 mL。

实验仪器：天平(精确到 1 g)；

配制溶液：1.2 mol/L　K_2CO_3 溶液 2000 mL；3 mol/L H_2SO_4 溶液 1000 mL。

2. 操作要点及注意事项

(1)仔细检查实验设备的状况，排掉管路内的积水，关闭放空阀。

(2)吸收剂瓶内放入约 350 mL 浓度为 1.2 mol/L 的 K_2CO_3 吸收液，并取样分析吸收前溶液中 CO_2 的初始含量(C_{f0})。

(3)关闭气体调节阀，开启 CO_2 钢瓶总阀。然后缓慢开启钢瓶减压阀，观察气体稳定管内的鼓泡情况。鼓泡稳定后，再开启气体调节阀并通过皂膜流量计调节适当的气体流量，向搅拌吸收器内连续通入 CO_2，以置换装置内的空气。

(4)设定恒温槽温度为 60 ℃，并开启恒温槽循环水将搅拌吸收器升温至指定温度，用 CO_2 排气约 30 min，方可进行实验。

(5)打开电源，操作屏仪表显示，如气体进、出口温度，调节上搅拌的转速在 300 r/min 左右，下搅拌的转速在 150 r/min 左右。

(6)开吸收剂瓶下的弹簧夹，向搅拌吸收器内加入吸收液，待吸收液的液面升至与液相搅拌桨的上叶片的下缘相切时停止加料，关闭加料管。同时按下秒表，开始计时。

(7)每隔一定时间，利用秒表和进、出口的皂膜流量计，同时测定进、出口气体的流量(mL/s)，记录时间和测得的进、出口气体的流量(mL/s)。两个流量的差值，即为该瞬间的吸收速率。

(8)操作 $1 \sim 1.5$ h 后,准确记下吸收操作的总时间($\bar{t}$),停止上、下搅拌,立即打开搅拌吸收器的液相阀,将吸收液收集在 250 mL 量筒中,测取并记录液体总体积($\bar{V}$)。然后,取样分析,测定溶液中 CO_2 的含量(C_f)。分析时,记录量气管上端的温度,对 CO_2 体积进行校正。

(9)关闭 CO_2 减压阀及 CO_2 钢瓶出口阀,将搅拌器转速调到"0",关闭超级恒温槽电源,关闭设备电源,打开放空管路。

注意事项:

①每次实验结束后,将水饱和器前的管路断开,气体放空,避免 CO_2 溶解倒吸;

②测定气体进、出口流速,应同时进行。

3. 分析方法

(1)液体中 CO_2 含量的分析方法:液相分析采用酸分解法,其原理就是将样品与浓度为 3 mol/L 的 H_2SO_4 溶液混合,将溶液中的 CO_2 分解出来,然后用量气管测量分解出来的 CO_2 气体体积,据此计算液相 CO_2 浓度(mL CO_2/mL 溶液),以及 K_2CO_3 的转化度(f)。

(2)操作步骤:

①准确吸取 1 mL 吸收液,置于反应瓶的内瓶中,然后用 5 mL 移液管移取 5 mL 3 mol/L H_2SO_4 溶液置于反应瓶的外瓶内。

②提高水准瓶,使量气管中的液面升至上部某刻度处,随即塞紧反应瓶的瓶塞,使其不漏气后,改变水准瓶的高度,使水准瓶的液面与量气管内液面相平,记下此时量气管的读数 V_1。

③摇动反应瓶,使瓶内 H_2SO_4 与样品充分混合,反应完全(瓶内无气泡发生)后,再举起水准瓶,使水准瓶的液面与量气管内液面对齐,记下量气管的读数 V_2。

4. 数据记录与处理的计算方法

1)设备运行数据记录

将原始实验数据记录于表 2-10、表 2-11。

表 2-10 酸解分析原始实验数据记录表

实验条件:

	量气管温度 /℃	体积初读数 /mL	体积末读数 /mL	气体体积 /mL
吸收前				
吸收后				

表 2-11　皂膜流量计测定数据

吸收时间	气体进口			气体出口		
	压力	流过体积	测定时间	压力	流过体积	测定时间

2）瞬间吸收速率的测定方法

根据某时刻 t，由进、出口皂膜流量计测得的气体进、出口流量 Q_{v0} 和 Q_v，以及搅拌吸收器的气液界面面积 F，便可求得瞬间吸收速率，即

$$N_A = (Q_{v0} - Q_v)/F$$

式中：N_A——瞬间吸收速率，$mL/(s \cdot m^2)$；

Q_{v0}——进口气体流量，mL/s；

Q_v——出口气体流量，mL/s。

3）液相 CO_2 含量的计算方法

吸收液中 CO_2 的含量（$mL\ CO_2/mL$ 溶液）：

$$C = (V_2 - V_1)\varphi$$

$$\varphi = \frac{273.2}{T_0} \times \frac{(p - p_{H_2O})}{101.3}$$

式中：φ——校正系数，用于修正温度、压力对气体体积的影响；

p——大气压，kPa，由现场大气压力计读取；

T_0——量气管内的温度，K；

p_{H_2O}——温度 T_0 时的饱和水蒸气压，$p_{H_2O} = 0.1333\exp[18.3036 - 3816.44/(T - 46.13)]$，$kPa$。

4）溶液平均转化度的计算方法：

$$\bar{f} = \frac{C_f}{C_{f0}} - 1$$

式中：C_{f0}——吸收开始前，溶液中的 CO_2 含量，$mL\ CO_2/mL$ 溶液；

C_f——吸收结束时，溶液中的 CO_2 含量，$mL\ CO_2/mL$ 溶液。

5）平均吸收速率的计算

平均吸收速率是以吸收开始到结束整个时段内的总吸收量和吸收时间为基准计算的吸收速率，即

$$\bar{N}_A = \frac{\bar{V}(C_f - C_{f0})}{22400 \times 60 \times F \times t}$$

式中：$\overline{N}_A$——平均传质速率，mol/(s·m²)；

　　　$\overline{V}$——吸收液总体积，mL；

　　　F——气液界面面积，m²，$F = 2.926 \times 10^{-3}$ m²；

　　　$\overline{t}$——吸收过程的总时间，min。

6）气相 CO_2 分压的计算

本实验采用纯 CO_2 气体进行吸收实验，气相传质阻力可以忽略。气相 CO_2 的分压计算公式为

$$p_A = p - p_w$$

式中：p——搅拌吸收器内总压，MPa，本实验取大气压力；

　　　p_w——吸收温度下的水蒸气分压，MPa，$p_w = 0.01751 \times (1 - 0.3f)$。

7）平均传质系数

本实验的目的是获得 K_2CO_3 吸收 CO_2 的气液传质系数。前已述及，在系统温度、K_2CO_3 初浓度一定的条件下（见实验原理），传质系数（K）与 N_A、p_A、p_{AL}^* 有关，而 p_{AL}^* 是 f、T 的函数。f 和 N_A 都随着 CO_2 的吸收而不断变化，因此，严格地讲，传质系数在吸收过程中是不断变化的。

本实验仅计算平均传质系数，即

$$\overline{K} = \frac{\overline{N}_A}{p_A - p_{AL}^*}$$

式中：$\overline{N}_A$——平均传质速率，mol/(s·m²)；

　　　$\overline{K}$——平均传质系数，mol/(s·m²·MPa)；

　　　p_{AL}^*——CO_2 平衡分压，MPa，由式(8)计算得到，计算时采用平均转化度。

实验九　反应精馏技术应用

　　反应精馏是蒸馏技术中的一个特殊领域,它是化学反应与蒸馏相结合的化工过程。该技术将反应过程的工艺特点与分离设备的工程特性有机结合在一起,因此,反应精馏具有较高的选择性,可提高可逆反应的转化率、生产能力和产品纯度,并能缩短反应时间,降低能耗和操作费用。目前,反应精馏技术已越来越广泛地应用于化工生产中。

一、实验目的

　　(1)了解反应精馏工艺过程的特点;

　　(2)掌握反应精馏装置的操作控制方法,学会根据反应精馏塔内的温度分布情况,判断浓度的变化趋势,采取正确的调控手段;

　　(3)学习使用正交设计的方法,设计合理的实验方案,进行工艺条件的优选;

　　(4)进一步掌握气相色谱仪的工作原理和操作方法。

二、实验原理

　　精馏是化工工艺过程中重要的单元操作,是化工生产中不可缺少的手段。其基本原理是利用组分的气液相平衡关系与混合物之间相对挥发度的差异,将液体升温汽化并与回流的液体接触,使易挥发组分(轻组分)逐级向上提高浓度,而不易挥发组分(重组分)则逐级向下提高浓度。若采用填料塔形式,对二元组分来说,则可在塔顶得到含量较高的轻组分产物,在塔底得到含量较高的重组分产物。

　　反应精馏是将反应与分离过程结合在一起,在一个装置内完成的操作过程。当反应处在非均相催化状态下时,即为催化反应精馏过程。

　　反应精馏的特点如下:

　　(1)简化了流程;

　　(2)对放热反应可有效地利用能量;

　　(3)对可逆反应因能即时分离产物,可提高平衡转化率;

　　(4)对某些体系可因即时分离产物而抑制副反应;

　　(5)可采用低浓度原料;

　　(6)因反应物存在可改变系统组分的相对挥发度,能实现沸点相近或具有共沸组成的混合物之间完全分离。

　　反应精馏主要用于酯化、醚化、皂化、水解、异构体分离等,如:

异丁烯＋甲醇──→甲基叔丁醚(或其逆反应)

醋酸＋醇类──→醋酸酯类

异丁烯＋水──→叔丁醇

氯乙醇、氯丙醇(皂化)──→环氧乙烷、环氧氯丙烷等

环氧乙烷＋醇──→聚氧乙烯醚

何种过程才能选用反应精馏? 对此尚无准确的规定,但从反应物和产物之间挥发度关系去分析考虑是可行的。当四种物质挥发度为 $A_1 > A_2 > A_3 > A_4$ 时,可进行如下分析:

(1)$A_2 + A_3 \Longrightarrow A_1 + A_4$,则反应物挥发度均介于生成物挥发度之间,选用反应精馏肯定有利。可使转化率超过平衡转化率,甚至达到完全转化。最有利的是能实现产物之间的分离,在塔顶或塔底得到纯品。

(2)$A_1 + A_2 \Longrightarrow A_3 + A_4$ 或 $A_1 + A_2 \Longrightarrow A_3$,产物挥发度全部小于反应物挥发度;$A_3 + A_4 \Longrightarrow A_1 + A_2$ 或 $A_2 + A_3 \Longrightarrow A_1$,产物挥发度全部大于反应物挥发度,则采用催化精馏才有利。

(3)当 $A_1 + A_4 \Longrightarrow A_2 + A_3$,则所有产物挥发度均介于反应物挥发度之间,不太适于反应精馏。

(4)当 $A_1 + A_3 \Longrightarrow A_2 + A_4$ 或 $A_2 + A_4 \Longrightarrow A_1 + A_3$,则反应物和产物挥发度相近,也不太适于反应精馏。

(5)当 $A_1 + A_2 \longrightarrow A_3 \longrightarrow A_4$ 或 $A_1 \longrightarrow A_3 \longrightarrow A_4$,产物为 A_3,是串联反应,适于反应精馏,因能将产物不断地分离出去,抑制副反应,提高选择性。

反应精馏存在许多复杂因素,要求温度比较缓和,要维持在塔内的各塔板上有液体(即泡点温度),靠调节压力来实现。操作条件相互影响,如进料位置、塔板数、停留时间、催化剂、原料配比、塔内结构、填料形式等都有影响。

反应精馏的分离塔也是反应器。全过程(图 2-12)可用物料衡算式和热量衡算式描述。

(1)物料平衡方程 对第 j 块理论板上的 i 组分进行物料衡算如下:

$$L_{j-1} X_{i,j-1} + V_{j+1} Y_{i,j+1} + F_j Z_{ij} + R_{ij} = V_j Y_{ij} + L_j X_{ij},$$
$$2 \leqslant j \leqslant n, \quad i = 1, 2, 3, 4 \tag{1}$$

(2)气液平衡方程 对平衡组上某组分 i,有如下平衡关系:

$$K_{ij} X_{ij} - Y_{ij} = 0 \tag{2}$$

(3)每块板上组成的总和应符合下式:

$$\sum_{i=1}^{n} Y_{ij} = 1, \quad \sum_{i=1}^{n} X_{ij} = 1 \tag{3}$$

(4)热量衡算方程 对平衡级上进行热量衡算,最终得到

$$L_{j-1} h_{j-1} - V_j H_j - L_j h_j + V_{j+1} H_{j+1} + F_j H_{fj} - Q_j + R_{ij} H_{rj} = 0 \tag{4}$$

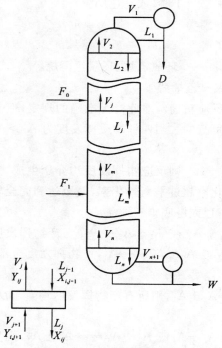

图 2-12　全塔总平衡示意图

三、实验装置特性

1. 实验装置

本装置是填料塔,可装填不同规格、尺寸的填料,当装填小尺寸的三角形填料或 θ 网环填料时,可进行精密精馏。在塔壁不同位置开有侧口,可供改变加料位置或作取样口用。塔体全部用玻璃制成,塔外壁采用新保温技术制成透明导电膜,使用中通电加热保温以抵消热损失。在塔的外部罩有玻璃套管,既能绝热,又能观察到塔内气液流动情况。另外,还配有玻璃塔釜、塔头及其温度控制、温度显示、回流控制部件等。装置结构紧凑,控制仪表采用智能化形式。

实验装置如图 2-13 所示。塔径为 25 mm,塔高约 2400 mm,共分为三段,由下至上分别为提馏段、反应段、精馏段,塔内填装弹簧状玻璃丝填料。塔釜为 1000 mL 四口烧瓶,置于 1000 W 电热包中。塔顶采用电磁摆针式回流比控制装置。在塔釜、塔体和塔顶共设了 5 个测温点。

2. 实验装置技术指标

玻璃塔体:ϕ 20 mm;

填料高:1.4 m;

常装填料:2 mm×2 mm(不锈钢 θ 网环);

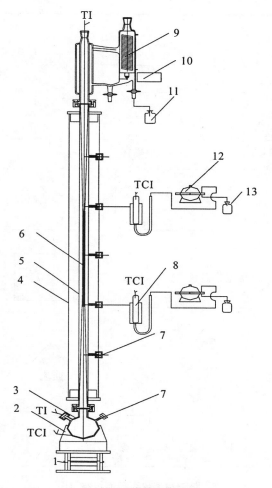

图 2-13　装置示意图

1—支座;2—电热包;3—塔釜;4—塔外套管;5—保温管;6—填料;7—取样、进样口;8—电磁铁;

9—冷凝器;10—回流摆体;11、13—计量杯;12—数滴滴球

保温套管直径:ϕ 60～80 mm;

釜容积:500～1 000 mL;

釜加热功率:300～500 W;

保温段加热功率:上、下段各 300 W;

塔的侧口位置:侧口共 5 个,间距 250 mm,距塔底和塔顶各 200 mm。

3.装置控制柜

仪表盘面板布置如图 2-14 所示。

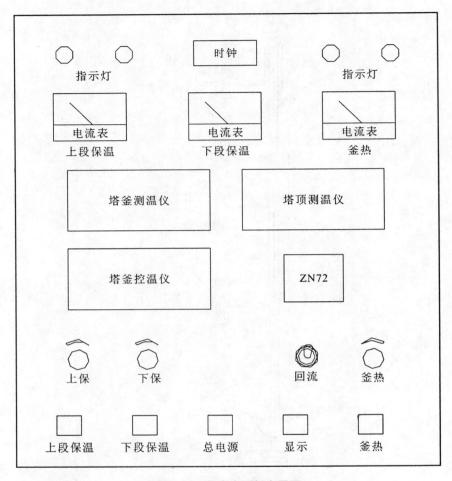

图 2-14　仪表盘面板布置图

4. 装置的操作控制方法

(1)装塔:在塔的各个接口处,凡是有磨口的地方都要涂以活塞油脂(真空油脂),并小心地安装在一起。另外,当用带有翻边法兰的接口时,要将各塔节连接处放好垫片,轻轻对正,小心地拧紧带螺纹的压帽(不要用力过猛,以防损坏),这时要上好支撑卡子螺丝,调整塔体使整体垂直,此后调节升降台距离,使电热包与塔釜接触良好(注意,不能让塔釜受压),再连接好塔头(注意,不要固定过紧使它们受力),最后接好塔头冷却水出入口胶管。(操作时先通水!)

(2)将各部分的控温、测温热电偶放入相应位置的孔内。

(3)电路检查:

①插好操作台面板各电路接头,检查各接线端子标记与线上标记是否吻合;

②检查仪表柜内接线有无脱落,电源的相、零、地线位置是否正确,确认无误后进

行升温操作。

（4）加料：进行间歇精馏时，要打开釜的加料口或取样口，加入被精馏的样品；进行连续精馏时，初次操作要在釜内加入一些被精馏的物质或釜残液；进行反应精馏时，按研究要求加入反应物料。注意加入几粒陶瓷环，以防暴沸。

（5）升温：

①开启总电源开关，开启测温开关，温度显示仪表有数值出现；

②开启釜热控温开关，仪表有显示。顺时针方向转动电流设定旋钮，使电流表有显示。温度控制的数值给定要按仪表的"∧""∨"键，在仪表的下部显示出设定值。温度控制仪的使用详见说明书（AI 人工智能工业调节器说明书），不允许不了解使用方法就进行操作。当给定值和参数值都给定后控制效果不佳时，可将控温仪表参数"CTRL"改为 2 后再次进行自整定。自整定需要一定时间，温度经过上升、下降、再上升、再下降，很快就达到稳定值。

升温操作注意事项：

a. 釜热控温仪表的给定温度要高于沸点温度 50～80 ℃，使有足够的温差以进行传热。其值可根据实验要求而取舍，边升温边调整，当很长时间还没有蒸气上升到塔头内时，说明加热温度不够高，还要提高。此温度过低则蒸发量少，没有馏出物；温度过高则蒸发量大，易造成液泛。

b. 还要再次检查是否给塔头通入冷却水，此操作必须在升温前进行，不能在塔顶有蒸气出现时再通水，否则会造成塔头炸裂。

c. 当釜已经开始沸腾时，打开上、下段保温电源，顺时针方向转动保温电流设定旋钮，使电流维持在 0.2～0.3 A 处。（注意：不能过大，过大会造成过热，使加热膜受到损坏，另外，还会因塔壁过热而变成加热器，回流液体不能与上升蒸气进行气液相平衡的物质传递，反而会降低塔分离效率。）

③升温后观察塔釜和塔顶温度变化，当塔顶出现气体并在塔头内冷凝时，进行全回流一段时间后可开始出料。

④有回流比操作时，应开启回流比控制器设定比例（通电时间与停电时间的比值，通常是以秒计），此比例即采出量与回流量之比。

⑤连续精馏时，在一定的回流比和一定的加料速度下，当塔底和塔顶的温度不再变化时，认为已达到稳定。可取样分析，并收集。

（6）回流比操作：

①显示器：正常工作时，上边四位 LED 数码管显示延时值，下边四位 LED 数码管显示设定值。

②位选键（▶）：设定时，用于选择某位数码，选中的数码呈闪烁状态。

③增加键（▲）：设定时，按过位选键（▶）后，按此键，可改变闪烁位的数值，此数值单向增加。

④复位键（▣）：正常工作时，按下复位键，延时器恢复初始状态；抬起复位键，延

时器重新开始延时。

⑤暂停键（Ⅱ）：正常工作时，按下暂停键，延时停止；抬起暂停键，延时继续。可做累时器。

⑥延时值设定：在显示范围内利用增加键和位选键即可任意设定继电器的延时值，第一次按位选键（▶），"POW"指示灯亮，下边第一位数码管闪烁，按增加键（▲），设定第一位数值，再按位选键（▶），下边第二位数码管闪烁，按增加键（▲），设定第二位数值；以此类推，可设定第三位、第四位数值，此时数码管仍在闪烁，过 8 s，闪烁停止，设定值便自动存入机内。利用复位键或复位端子或重新上电，都可使延时器开始延时，待延时完毕后，继电器按其工作方式动作。

注意：在整个设定过程中，应连续进行，每两步骤之间不应超过 8 s。

（7）停止操作：

停止操作时，关闭各部分开关，无蒸气上升时停止通冷却水。

5. 故障处理

（1）开启电源开关后指示灯不亮，并且没有交流接触器吸合声，则保险坏或电源线没有接好。

（2）开启仪表等各开关时指示灯不亮，并且没有继电器吸合声，则分保险坏或接线有脱落的情况。

（3）控温仪表、显示仪表出现四位数字，则告知热电偶有断路现象。

（4）仪表正常但电流表没有指示，可能保险坏或固态变压器、固态继电器坏。

（5）操作中发现转子不动时要检查流量计内是否有气泡存在，可快速转动阀门加大流量排除气体，同时检查管路有无泄漏。

（6）使用过程中如发现塔体外层玻璃管内有雾气产生，塔的连接处有泄漏，应立即拆卸下塔的连接件，把垫片放正重新拧紧即可。决不允许不加处理就继续操作，这样会造成电路故障。

四、实验要求

（1）根据实验目的、实验装置的特性，选择反应体系以及实验条件，自行设计方案进行实验操作，并分析实验结果。

（2）通过实验，完成实验报告及思考题。

五、数据处理与实验要求

（1）自行设计实验数据记录表格。根据实验测得的数据，填写实验原始记录表，计算目标产品的收率：

$$\eta=\frac{Dx_d+Wx_w}{Fx_f}\times\frac{M_1}{M_0}\times100\%$$

（2）绘制全塔温度分布图，绘制目标产品收率和纯度与回流比的关系图。

（3）进行全塔物料衡算，计算塔内浓度分布、反应收率、转化率等。

（4）以目标产品的收率为实验指标，列出正交实验结果表，运用方差分析确定最佳工艺条件。

（5）结合实验结果进行讨论，提出改进实验的建议。

六、思考题

（1）你所设计的实验方案中，从哪些方面体现了工艺与工程相结合所带来的优势？

（2）是不是所有的可逆反应都可以采用反应精馏工艺来提高平衡转化率？为什么？

（3）在反应精馏塔中，塔内各段的温度分布主要由哪些因素决定？

（4）反应精馏塔操作中，加料位置的确定根据什么原则？

（5）你所设计的正交实验计划表是否考虑各因素间的交互影响？为什么？

七、主要符号说明

F_j——j 板进料摩尔流量；

h_j——j 板上液体焓值；

H_j——j 板上气体焓值；

H_{fj}——j 板上原料焓值；

H_{rj}——j 板上反应焓值；

L_j——j 板下降液体摩尔流量；

K_{ij}——j 板上 i 组分的气液相平衡常数；

R_{ij}——单位时间 j 板上单位液体体积内 i 组分反应量；

V_j——j 板上升气体摩尔流量；

X_{ij}——j 板上组分 i 的液相摩尔分数；

Y_{ij}——j 板上组分 i 的气相摩尔分数；

Z_{ij}——j 板上进料中 i 组分的摩尔分数；

Q_j——j 板上冷却或加热的热量；

x_d——塔顶馏出液中目标产物的质量分数；

x_w——塔釜出料中目标产物的质量分数；

x_f——进料中主反应物的质量分数；

D——塔顶馏出液的质量流量；

F——进料甲醛水溶液的质量流量；

W——塔釜出料的质量流量；

M_1、M_0——主反应物、目标产物的相对分子质量；

η——目标产品收率。

八、实验案例

反应精馏经常采用的实验为醋酸与乙醇在硫酸催化剂存在下的酯化反应,即催化反应精馏法制取醋酸乙酯。

1. 实验准备

检查精馏塔进、出料系统各管线上的阀门开闭状态是否正常。向塔釜加入 400 mL乙醇(分析纯)。在醋酸(分析纯)中加入 3%的浓硫酸作为催化剂。调节计量泵,醋酸的进料体积流量控制在 4~5 mL/min。原料醋酸与浓硫酸混合后,经计量泵由反应段的顶部加入,乙醇由反应段底部加入。用气相色谱分析塔顶和塔釜产物的组成。

2. 实验操作

(1)先开启塔顶冷却水,再开启塔釜加热器,加热量要逐步增加,不宜过猛。当塔头有凝液后,全回流操作约 20 min。

(2)按选定的实验条件,开始进料,同时将回流比控制器拨到给定的数值。进料后,仔细观察并跟踪记录塔内各点的温度变化,测定并记录塔顶与塔釜的出料速度,调节出料量,使系统物料平衡。待塔顶温度稳定后,每隔 15 min 取一次塔顶、塔釜样品,分析其组成,共取样 2~3 次,取其平均值作为实验结果。

(3)依正交实验计划表,改变实验条件,重复步骤(2),可获得不同条件下的实验结果。

(4)实验完成后,切断进、出料,停止加热,待塔顶不再有凝液回流时,关闭冷却水。

注意:本实验按正交表进行实验设计,由于工作量较大,可由多名学生组成一组共同完成。

实验十 乙醇气相脱水制乙烯动力学实验

一、实验目的

(1)巩固所学的有关动力学方面的知识；

(2)掌握获得反应动力学数据的方法和手段；

(3)学会动力学数据的处理方法，根据动力学方程求出相应的参数值；

(4)熟悉内循环式无梯度反应器的特点、其他有关设备的特点以及其他有关设备的使用方法，提高自己的实验技能。

二、实验原理

乙醇脱水属于平行反应。既可以进行分子内脱水生成乙烯，又可以分子间脱水生成乙醚。一般而言，较高的温度有利于生成乙烯，而较低的温度则有利于生成乙醚。

较低温度：$2C_2H_5OH \longrightarrow C_2H_5OC_2H_5 + H_2O$

较高温度：$C_2H_5OH \longrightarrow C_2H_4 + H_2O$

三、装置特性

装置由三部分组成：第一部分是由微量进料泵、氢气钢瓶、汽化器和取样六通阀组成的系统；第二部分是反应系统，它是由一台内循环式无梯度反应器、温度控制器和显示仪表组成；第三部分是取样和分析系统，包括六通阀、产品收集器和在线气相色谱仪。

四、实验要求

(1)根据实验目的、实验装置的特性，选择反应体系以及实验条件，自行设计方案进行实验操作，并分析实验结果。

(2)通过实验，完成实验报告及思考题。

五、数据处理与实验报告要求

实验过程中，应将有用的数据及时、准确地记录下来。根据实验结果求出乙醇的转化率、乙烯的收率及乙烯的生成速率等。然后按一级反应求出生成乙烯这一反应步骤的速率常数和活化能。写清计算过程。

乙醇的收率＝生成乙烯的物质的量/原料中乙醇的物质的量

乙醇的进料速度＝乙醇液的体积流量×0.7893(乙醇相对密度)/46.07(乙醇相对分子质量)

乙醇的转化率＝反应掉的乙醇物质的量/原料中乙醇的物质的量

乙烯的生成速率$[mol/(g \cdot h)] = \dfrac{乙醇进料速度 \times 乙烯收率}{催化剂用量}$

反应器内乙醇的浓度：

$$C_A(mol/L) = \frac{p_A}{RT}$$

式中，p_A 为乙醇的分压，MPa；反应的总压为 0.1 MPa。所以可将反应器内的混合气视为理想气体。

生成乙烯的反应步骤的速率常数 K 可以通过下式求出：

$$K = \frac{\gamma}{C_A}$$

由阿仑尼乌斯方程 $k = k_0 \exp(-E_a/RT)$，将 $\ln k$ 对 $1/T$ 作图，即可求出 k_0 和 E_a。在低温、有乙醚生成的情况下，参照上述计算过程，求出乙醇的消耗速率常数和相应的活化能。在此，同样可以按一级反应处理。

六、思考题

(1)用无梯度反应器测定化学反应动力学的优、缺点是什么？

(2)要想证明测定的是本征动力学数据，还需要补充哪些实验内容？

(3)分别画出温度和乙醇进料速度与乙醇收率的关系曲线，并对这两类曲线所反映出的规律作出解释。

七、实验案例

1. 实验试剂

无水乙醇，优级纯；分子筛催化剂，60～80 目，重 3.0 g。

2. 实验步骤

开始实验之前，须熟悉流程中所有设备、仪器、仪表的性能及使用方法。然后才可以按以下步骤进行实验：

(1)打开氢气钢瓶使柱前压达到 0.05 MPa，确认色谱检测器有载气通过后启动色谱仪，设置柱温为 110 ℃，汽化室温度为 130 ℃，检测器温度为 120 ℃，待温度稳定后，打开热导池-微电流放大器开关，并调整桥电流至 100 mA；

(2)在色谱仪升温的同时，开启阀恒温箱加热器升温至 110 ℃，开启保温加热器升温至 160 ℃；

(3)打开反应器温度控制器的电源开关，使反应器加热升温，同时向反应器的冷水夹套中通入冷却水；

(4)打开微量泵，以小流量向汽化器内通原料乙醇；

(5)待所有条件稳定后,用阀箱内旋转六通阀取样分析尾气组成,记录色谱处理的浓度值;

(6)在200～380 ℃选择四个温度,在各温度下改变三次进料速度,测定不同条件下的数据。

3. 数据记录

将原始实验数据记录于表 2-12 中。将计算结果记录于表 2-13 中。

表 2-12 原始实验数据记录表

乙醇进料质量:1.5 g   乙醇密度 $\rho = 0.79$ g/mL   催化剂用量:0.8 g

实验序号	反应温度/℃	温度平均值/℃	剩余组分质量/g	质量平均值/g
1				
2				
3				
4				
5				
6				
7				
8				
9				

表 2-13 计算结果汇总表

序号	反应温度/℃	乙醇进料量/(mL/min)	产物组成(摩尔分数)/(%)		乙醇转化率 X	乙烯生成速率 y
			乙烯	其他组分		
1						
2						
3						

实验十一　过程控制系统组成认识实验

一、实验目的

(1)通过实验,熟悉系统的具体结构,进一步明确各部件的作用,巩固和加深对各部件的工作原理及整机特性的理解;

(2)掌握各传感器工作原理及其转换器的零点、量程的调整方法,零点迁移方法和精度测试方法,并对过程控制的四大典型参数液位、流量、压力、温度,有一个深刻的认识;

(3)了解各部件的安装位置和使用方法,掌握设备的相关注意事项及其禁止行为;

(4)了解设备的保护措施及其使用原则。

二、实验装置

1. 实验系统介绍

本实验系统由控制对象、控制台、计算机三部分组成。

(1)控制对象系统如图 2-15 所示,包括上水箱、中水箱、下水箱、储水箱 4 个水箱和 1 个微型锅炉、1 台水泵,对象之间通过主、副连接管路及若干电磁阀连接,所有电磁阀通过一个控制器控制开关,可以组合形成不同的回路,模拟仪表控制采用手动方式,计算机控制采用电动方式,主、副管路各有 1 个电动调节阀和电磁流量计及其变送器,上水箱、中水箱、下水箱各装一个液位变送器检测液位,水泵出口装一个压力变送器检测出口压力,微型锅炉分别针对冷热水进出口温度装有 4 个温度传感器,水泵采用变频器驱动,变频器有手动和仪表两种调节方式,可改变泵转速。

(2)控制台:其面板布置如图 2-16 所示,控制对象中所有传感器、执行器的接线都连接到控制台面板的接线插孔中,控制台面板的接线插孔的布置如图 2-16 所示,控制台还装有:3 个调节器(708 型 2 个、818 型 1 个),用于模拟仪表控制;24 V 直流开关电源,用于仪表供电;4 个 250 Ω 电阻和 2 个 50 Ω 电阻,用于信号转换;1 个电流表,用于测量直流电信号;4 个牛顿模块,2 个用于检测,1 个用于控制,1 个用于计算机通信,牛顿模块上方为用于与传感器或调节器连接的接线孔;1 个信号比例器。

(3)计算机:上位机软件采用北京亚控公司"组态王"软件,"组态王"软件在国内外已经有 9000 多例的工程现场应用,其软件的可靠性、先进性与开发力度在国内首

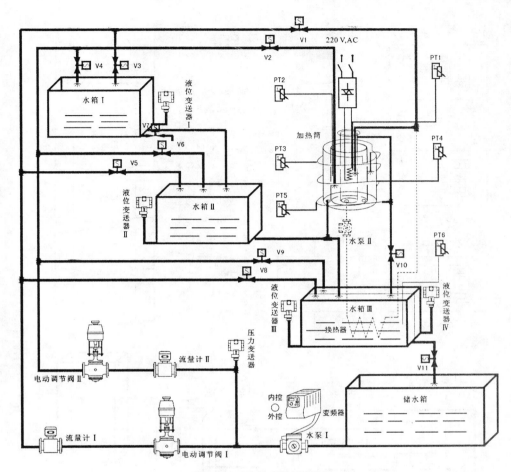

图 2-15　对象系统示意图

屈一指。它是一套基于 Windows 平台的、用于快速构成和生成上位机监控系统的组态软件系统，可运行于 Microsoft Windows 95/98/NT/2000 等操作系统。"组态王"软件具有强大的开放性，能够完成现场数据采集、流程控制、动画显示、报表输出、实时和历史数据的处理，具有报警和安全机制、趋势曲线及企业监控网络的功能。

　　使用"组态王"软件，用户只要具备基本的计算机编程知识，就可在短时间内完成一个运行稳定、可靠性高、实用性强的监控系统的开发工作。系统已装有针对本对象系统开发的多个监控系统。

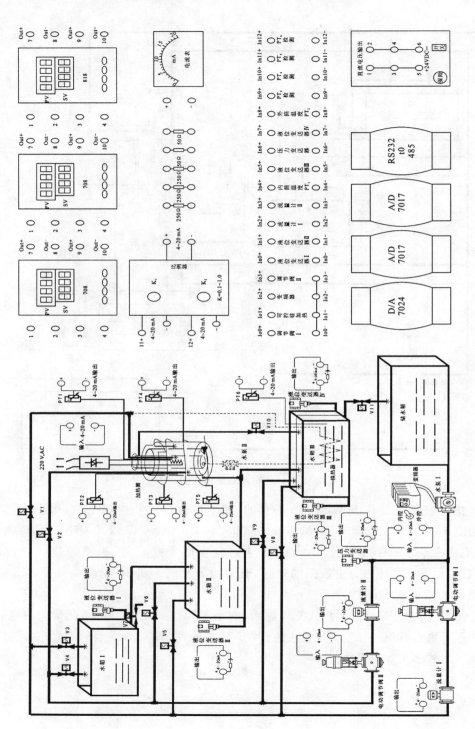

图2-16　控制台面板示意图

2. 控制器件使用简介

(1)压力变送器的接线如图 2-17 所示。

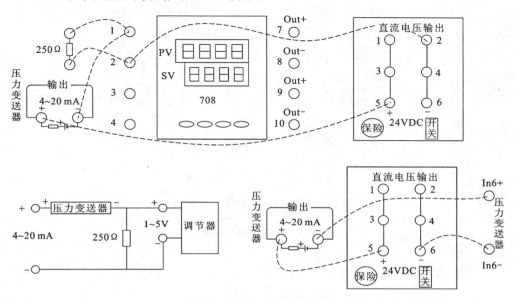

图 2-17　压力变送器的接线图

采用调节器控制时,压力变送器输出 4～20 mA 电流信号,串入 250 Ω 电阻,根据 $U=IR$,即 4 mA×250 Ω=1000 mV=1 V,20 mA×250 Ω=5000 mV=5 V,电阻两端电压信号为 1～5 V,调节器接受 1～5 V 信号。采用计算机控制或数据采集时,利用牛顿模块进行 A/D、D/A 转换,与计算机通信,各个引脚已连线至面板上方的接线插孔,"Io"表示完成 D/A 转换的牛顿模块输出 4～20 mA 电流信号插孔,"In"表示向完成 A/D 转换的牛顿模块输入 4～20 mA 电流信号插孔。每个传感器和调节器都有固定的接线插孔。

(2)温度变送器的接线如图 2-18 所示。

本系统中温度变送器电源无须另接电源,采用调节器控制时,温度变送器输出 4～20 mA 电流信号,串入 250 Ω 电阻,根据 $U=IR$,即 4 mA×250 Ω=1000 mV=1 V,20 mA×250 Ω=5000 mV=5 V,电阻两端电压信号为 1～5 V,调节器接受 1～5 V 信号。采用计算机控制或数据采集时,利用牛顿模块进行 A/D、D/A 转换,与计算机通信,各个引脚已连线至面板上方的接线插孔。"Io"表示完成 D/A 转换的牛顿模块输出 4～20 mA 电流信号插孔,"In"表示向完成 A/D 转换的牛顿模块输入 4～20 mA 电流信号插孔。每个传感器和调节器都有固定的接线插孔。

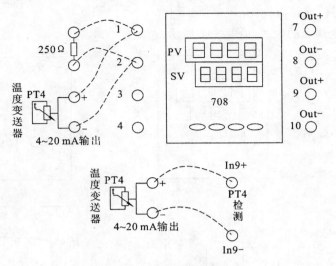

图 2-18　温度变送器的接线图

三、实验要求

(1)实验前应掌握过程控制的基本原理、任务和要求。

(2)仔细阅读实验系统使用说明书,熟悉实验装置的基本结构和原理,掌握各种控制器件与对象的使用方法。

(3)针对学生本人兴趣点,提出实验课题,根据系统现有的对象和控制器件,设计实验方案,实验前由实验指导教师审查通过才能进行实验。

(4)完整的实验方案应包括以下内容:实验项目名称、实验目的、实验装置结构和详细接线图、实验操作过程、实验数据处理方法。

(5)实验结束应提交实验报告,实验报告应包括以下内容:实验项目名称、实验目的、实验装置结构和详细接线图、实验数据处理方法及结果、通过实验提出的问题及思考、实验结论。

四、部分实验项目思考题

(1)对象特性测定实验:

①为什么要测定对象特性?

②针对你所选择的对象具体分析:影响对象特性的工艺参数或结构参数是什么?各有什么影响关系?

③分析对象特点,向自动控制工程师提出你的建议。

(2)单回路控制系统实验:

①什么是单回路控制系统?

②单回路控制系统有什么优点和缺点？

③单回路控制系统一般适用于什么场合？

④对你构建的单回路控制系统如何评价？

（3）串级控制系统实验：

①什么是串级控制系统？

②串级控制系统有什么优点和缺点？

③串级控制系统一般适用于什么场合？

④对你构建的串级控制系统如何评价？

（4）前馈控制系统实验：

①什么是前馈控制系统？

②前馈控制系统有什么优点和缺点？

③前馈控制系统一般适用于什么场合？

④对你所构建出的前馈控制系统如何评价？

五、实验案例、液位传感器的认识和校验实验报告

1. 实验目的

（1）通过实验，熟悉压力变送器的具体结构，进一步明确各部件的作用，巩固和加深对压力变送器的工作原理及整机特性的理解；

（2）掌握压力变送器的零点、量程的调整方法，零点迁移方法和精度测试方法；

（3）了解压力变送器的安装及使用方法。

2. 实验所需仪器设备

本实验需要：压力变送器、电流表、直流稳压电源、钟表螺丝刀。控制面板接线图如图 2-19 所示。

压力变送器的主要技术指标：

测量范围：0～6 kPa；

输出电流：4～20 mA；

负载能力：250～300 Ω；

工作电源：(24±1.2)V，DC。

3. 实验内容

（1）校验压力变送器，压力变送器是两线制，应串入 24 V 直流电源。

注意事项：

①接线时，注意电源极性。完成接线后，应检查接线是否正确，并请指导教师确认无误后，方能通电。

②没通电，不加压；先卸压，再断电。

③进行量程调整时，应注意调整电位器的调整方向，并分清楚调零电位器和满量程电位器。

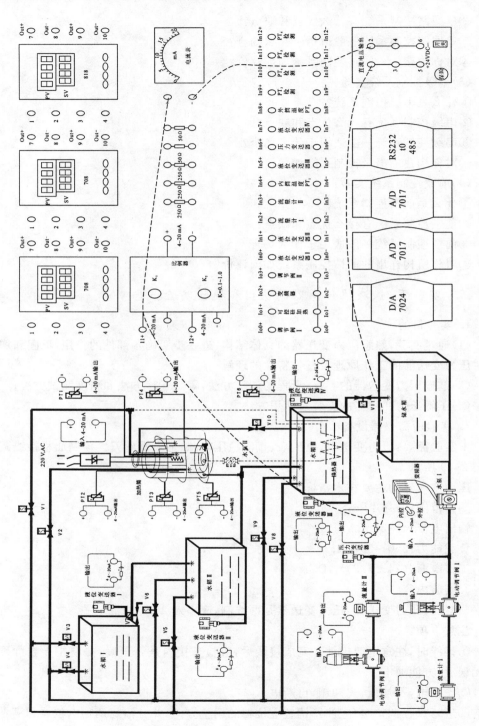

图2-19　控制面板接线示意图

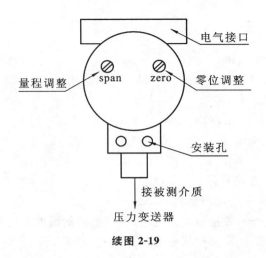

电气接口

量程调整 span zero 零位调整

安装孔

接被测介质

压力变送器

续图 2-19

④小心操作,切勿生扳硬拧,严防损坏仪表。

⑤一般仪表应通电预热 15 min 后再进行校验。

⑥如果压力变送器的安装位置与取压点不在同一水平位置上,应对压力变送器进行零点迁移。

(2)压力变送器的零点及满量程调整。

① 零点调整:在水箱没水时,观察输出电流表的读数是否为 4 mA,如果不对,则调整调零电位器,直至读数为 4 mA。

② 满量程调整:待零点调好后,给水箱加水,增加到测量范围上限(400 mm)值时,观察电流表的电流是否为 20 mA,如果不对,则调整满量程电位器,直至输出电流为 20 mA。

满量程调整后会影响零点,因此零点、满量程需反复多次调整,直至满足要求为止。

4.数据记录与处理

(1)表 2-14 为压力变送器原始实验数据记录表。

表 2-14 压力变送器原始实验数据记录表

输入	输入信号刻度分值		0%	25%	50%	75%	100%
输出	输出信号标准值 $Io_标$/mA						
	输出信号实测值 $Io_实$/mA	正行程					
		反行程					

注意:实验时一定等现象稳定后再读数、记录,否则滞后现象会给实验结果带来较大的误差。

(2)数据处理。

①误差计算公式:

绝对误差 $\Delta = Io_{实} - Io_{标}$

引用误差 $= \pm \Delta / (Io_{上} - Io_{下}) \times 100\%$

基本误差 $= \pm \Delta_{max} / (Io_{上} - Io_{下}) \times 100\%$

变差 $= | Io_{正} - Io_{反} |_{max} / (Io_{上} - Io_{下}) \times 100\%$

式中:$Io_{标}$——某点输出信号的标准值,mA;

$\quad$ $Io_{实}$——某点输出信号的实际值,mA;

$\quad$ Δ_{max}——各校验点绝对误差的最大值,mA;

$\quad$ $Io_{上} - Io_{下}$——仪表的输出量程,mA;

$\quad$ $| Io_{正} - Io_{反} |_{max}$——各检验点正、反行程实测值的最大绝对差值,mA。

②整理实验数据:计算被校仪表的各项误差(表 2-15),确定精度等级,并填入仪表校验记录单。

表 2-15　压力变送器实验数据处理表

输入	输入信号刻度分值		0%	25%	50%	75%	100%
输出	输出信号标准值 $Io_{标}$/mA						
	输出信号实测值 $Io_{实}$/mA	正行程					
		反行程					
误差	实测引用误差/(%)	正行程					
		反行程					
	$(Io_{正} - Io_{反})$/mA						
	实测基本误差/(%)						
	实测变差/(%)						
	实测精度等级						

5.问题及思考

(1)液位测量为什么只有压力变送器一个器件,而没有传感器?

(2)压力变送器在使用过程中还需要校验吗? 为什么?

(3)压力变送器安装有什么要求?

6. 实验结论

经过检验和调整,该压力变送器符合(不符合)标定性能参数要求。

实验十二 制冷(热)系统故障检测实验

一、实验目的

(1)了解制冷系统中各热工装置的结构和作用;

(2)掌握制冷工艺流程及工作原理;

(3)了解毛细管在制冷系统中的作用;

(4)以电冰箱为例,学会通过压力检测判断热力系统中的故障,了解其成因、影响及常见的处理方法。

二、实验原理

1. 电冰箱的工作原理

电冰箱热力系统流程如图 2-20 所示。低温低压的制冷剂气体经过低压回气管 16,回到压缩机 3,经压缩机压缩后成为高温高压的制冷剂气体,经高压排气管 4 进入冷凝器 5,经过冷凝器放热,冷凝成高温常压的液体,经视液镜 7 和干燥过滤器 8 进入毛细管 9 节流,成为低温低压的制冷剂液体,经低压供液管 10 和电磁阀 11 或电磁阀 14 进入翅片式(风冷电冰箱用)蒸发器 12 或盘管式(直冷电冰箱用)蒸发器 15,吸热蒸发成制冷剂气体,再经过低压回气管 16 回到压缩机,如此循环。

2. 毛细管的作用原理

毛细管一般是铜制的,管内径在 1 mm 以下,连接于冷凝器与蒸发器之间,起到降低压缩机送来的高压液化制冷剂压力的作用。制冷系统中制冷剂流量随毛细管长度的增加而减少,随毛细管内径的增大而增加。改变毛细管长度和内径,也就改变了供给蒸发器的制冷剂流量,制冷设备的工作状态将产生变化。毛细管孔径尺寸偏差 0.01 mm,将影响制冷剂流量 2.5%～4%。孔内表面越粗糙,流阻越大,制冷剂流量将越小。如果毛细管阻力大,制冷剂流量小,制冷量少,蒸发温度低;如果毛细管阻力小,制冷剂流量大,制冷量大,蒸发温度高。毛细管应尽量靠近压缩机的回气管,使制冷剂产生过冷,提高制冷效果。

3. 冰堵和脏堵的成因和表现

制冷系统由热工装置和管道构成,内部流动着制冷剂进行热量转移,若管路内有其他杂质,则会对制冷效果形成影响。常见的杂质有空气、水、压机磨损的碎屑、变质的冷冻油、管壁的氧化物等。

若制冷系统中主要零部件干燥处理不当,整个系统抽空效果不理想以及制冷剂含水分超量,电冰箱工作一段时间后,当蒸发器部件温降较低时会使水分在毛细管和

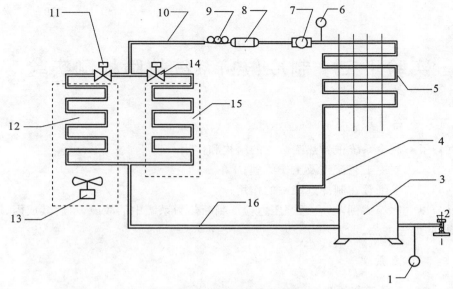

图 2-20　电冰箱热力系统流程图

1—低压压力表;2—工艺维修阀;3—压缩机;4—高压排气管;5—冷凝器;6—高压压力表;
7—视液镜;8—干燥过滤器;9—毛细管;10—低压供液管;11—风冷低压供液管电磁阀;
12—风冷式蒸发器;13—风冷电动机;14—直冷低压供液管电磁阀;15—直冷式蒸发器;16—低压回气管

蒸发器相接处或弯曲处结冰,引起冰堵,大量结冰时还会堵塞蒸发器。

出现冰堵的表现是电冰箱一会儿制冷,一会儿不制冷,电冰箱开始工作时是正常的,持续一段时间后,堵塞处开始结霜,蒸发温度达 0 ℃以下,水分在毛细管狭窄处聚集,一般是在过滤网与毛细管之间,逐渐将管孔堵死,然后蒸发器出现溶霜,听不到气流声,低压压力为负压(真空),高压压力降低,运行电流减小,电冰箱不制冷。当管路中温度升高后,或用热水对堵塞处加热时,堵塞处的冰开始融化,冰堵消失,管路恢复畅通,可听到突然喷出的气流声,吸气压力也随之上升,电冰箱开始制冷,待温度降到一定程度后又会出现冰堵,蒸发器出现周期性的结霜和化霜现象。

若制冷剂中混有压缩机运转产生的磨损物、管壁杂质、焊接产生的氧化物、冷冻油变质产生的杂质等,毛细管进口处最易被系统中的较粗的粉状污物或冷冻油堵塞,污物较多时会将整个过滤网堵死,制冷剂无法通过,形成脏堵。

脏堵的表现与冰堵有相同之处,即吸气压力高,排气温度低,从蒸发器听不到气流声。判断方法为脏堵时如敲击堵塞处(一般为毛细管和过滤器接口处),有时可通过一些制冷剂,制冷情况会有些变化,而对加热无反应,用热毛巾敷时也不能听到制冷剂流动声,且无周期变化,排除冰堵后即认为是脏堵所致。

三、实验装置特性

该实验装置配有主控制台,控制着各个实验台电源的通断和事故时的急停。各个实验台上分别配置 1 套热泵式分体空调、1 套直冷电冰箱和风冷电冰箱,两套电冰箱共用一台压缩机和一个冷凝器,风冷和直冷之间用电磁阀进行切换,实现"一机两用"的功能。其管道布局结构如图 2-21 所示。

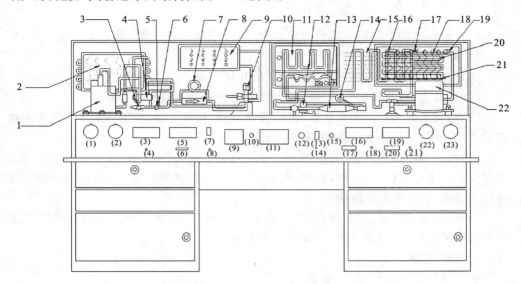

图 2-21　YL-ZW3 型制冷制热实验台

1—空调压缩机;2—冷凝器;3—视液镜;4—四通换向电磁阀;5—空调过滤器;6—第一毛细管;
7—第二毛细管;8—单向阀;9—室内蒸发器;10—空调截止阀;11—直冷电冰箱蒸发器;
12—电磁阀;13—干燥过滤器;14—毛细管;15—钢丝式冷凝器;16—除霜温控器;17—风机;
18—蒸发器;19—定时除霜继电器;20—温度保险丝;21—加热管;22—电冰箱压缩机

该系统在电磁阀 4 上加入了振荡电路和控制开关加以控制,实现电冰箱的冰堵和脏堵故障的模拟。

四、实验要求

(1)根据实验目的、实验装置的特性,选择控制面板上对应的控制开关,进行实验操作,并分析实验结果。

(2)记录实验数据,根据实验结果,分析数据变化的原因,完成实验报告及思考题。

五、思考题

(1)热力循环由哪几个热力过程组成?

(2)制冷系统中各个装置的结构特点及作用分别是什么?

(3)毛细管由什么材料制成? 其结构特点和作用分别是什么?

(4)高压表、低压表的测量对象分别是什么? 如何根据压力表的读数判断压缩机工作状况?

(5)冰堵和脏堵产生的原因分别是什么？如何区分冰堵与脏堵？

(6)电冰箱的温度是如何控制的？

六、实验案例

以实验台上的电冰箱为实验对象,用控制开关模拟电冰箱冰堵和脏堵进行实验。

1. 实验步骤及方法

(1)检查实验台的电源开关是否处于断开状态;

(2)接通电源,开启主控制台上的电源控制开关和实验台上的电源开关;

(3)启动电冰箱让其正常工作,过一段时间后,记录下高、低压表的工作压力和电流表的电流值(记录 3 次,时间间隔为 3 min);

(4)打开冰堵设置开关,待电冰箱工作一段时间后,记录下高、低压表的工作压力和电流表的电流值(记录 3 次,时间间隔为 3 min),观察蒸发器结霜和化霜情况,结合压力变化,初步判断故障类型;

(5)打开脏堵设置开关,待电冰箱工作一段时间后,记录下高、低压表的工作压力和电流表的电流值(记录 3 次,时间间隔为 3 min)。

2. 数据记录

将实验数据记录于表 2-16 中。

表 2-16　实验原始记录表

	低压表	高压表	电流表
正常运转			
冰堵			
脏堵			

3. 结果讨论

(1)电冰箱产生冰堵后为什么低压表压力回真空,高压表压力降低,电流减小？

(2)冰堵和脏堵在表现上有什么不同点和相同点？

(3)制冷剂中混有水时除了可以产生冰堵外,还有没有其他影响？

(4)如何排除制冷剂系统中的脏物和水分？

第三部分 研究性实验

研究性实验涉及化工产品的合成与开发等,需要由学生按照要求提出方案,进行实验设计并自己搭建或改造实验流程,采集和处理数据,以及对结果进行分析。化工产品的开发包括实验研究、产品的中试、工艺放大到实际生产过程,其中实验室的产品开发研究是基本技能。由于化工产品具有涉及面广、内容繁杂的特点,本部分内容拟结合精细化工产品的合成与开发,如化妆品、洗涤用品和涂料的配制及其性能测试,药物的合成,高分子材料的制备及性能表征等实验内容。通过本实验的教学,使学生了解精细化工产品的开发过程,并将所学的知识综合应用到精细化学品的开发过程中,达到掌握精细化学品开发的实验操作技能的目的。

实验一 膏霜化妆品的制备

一、实验目的

(1)熟悉 O/W 型乳状液的基本配方,以及配方中各组分的作用;

(2)了解乳化剂的作用,以及使用不同乳化剂制备的乳状液的外观的差别;

(3)利用 HLB 值计算乳化剂的量,了解复合乳化剂的特点;

(4)利用正交实验方法进行配方选择。

二、实验原理

膏霜化妆品是重要的护肤类化妆品,是由形成油膜的油相物质、乳化剂和水等组成的乳状液。乳化剂的选择依据是其提供的 HLB 值等于或略高于油相所需的 HLB 值。在实际生产中,通常采用复合乳化剂来制备乳状液。

从有关资料查得雪花膏参考配方如下：硬脂酸 10%，十八醇 2%，白油 2%，单硬脂酸甘油酯 1%，甘油 5%，香精防腐剂适量，KOH 0.5%，去离子水余量。由于参考配方的可信度一般不高，另外原料随生产厂家不同也有区别，可通过正交实验来修改配方。雪花膏配方的组分较多，不宜都作为因素列入正交表。香精视产品的浓淡而定，防腐剂是视产品本身的营养程度而定，一般是已确定的比例，因此香精和防腐剂可不列入正交表。另外，硬脂酸的多少取决于膏体的稀稠程度。甘油、白油的量由雪花膏的油性而定，所以一般在确定一个值后也不变。在制作过程中温度及搅拌很重要，一般应列入正交实验，但本实验受条件限制，仅以单甘酯、十八醇、KOH 3 个因素做正交实验，各取 2 个水平，确定 3 个因素的水平如表 3-1 所示，选用 $L_4(2^3)$ 做 4 次实验，相对应的正交表如表 3-2 所示。制备 4 个不同配方的雪花膏，通过目测筛选外观较好的配方。

表 3-1　3 个因素的水平表

	单甘酯	十八醇	KOH
水平 1	1%	2%	0.3%
水平 2	2%	0	0.5%

表 3-2　正交实验表

		因素		
		一	二	三
序号	Ⅰ	1	1	1
	Ⅱ	1	2	2
	Ⅲ	2	1	2
	Ⅳ	2	2	1

白玉霜的参考配方为：硬脂酸 10%，十八醇 2%，白油 5%，甘油 5%，乳化剂为单甘酯的复合乳化剂适量，水余量。其中，油相为硬脂酸、十八醇、白油，它们的 HLB 值分别为 17、15、12，用加和平均法计算混合油相所需的 HLB 值为 15.3。根据乳化原理为乳化剂提供的 HLB 值等于或高于油相所需的 HLB 值。乳化剂的 HLB 值为 15.3。本实验选择混合乳化剂，选用单甘酯和十二烷基硫酸钠（K_{12}）为混合乳化剂。

配方 1：单甘酯、K_{12} 的 HLB 值分别为 3.8、20。确定单甘酯的量为 0.5%，则 K_{12} 的比例为 (15.3 − 3.8 × 0.5)/20 = 0.67，配方选用硬脂酸 10%，十八醇 2%，白油 5%，甘油 5%，单甘酯 0.5%，K_{12} 0.7%。同理也可选用硬脂酸 10%，十八醇 2%，白油 5%，甘油 5%，单甘酯 1%，K_{12} 0.6%。

乳化剂还可选用其他混合乳化剂，其参考配方可以按照相同的计算方法来设定。

三、主要试剂、仪器

(1)试剂:硬脂酸、十八醇、白油、甘油、单甘酯、K_{12}、KOH 等。

(2)仪器:50 mL、100 mL 烧杯各 4 只,显微镜 1 台。

四、实验步骤

(1)将油、水两相分别称量在 2 只烧杯中,加热至 80~90 ℃使之溶解,将水相倒入油相中,搅拌冷却至 50 ℃,添加香精,直至膏体形成(明显成半流动状态)为止。

(2)目测或在显微镜下观察,比较使用不同配方制备的膏体外观,比较雪花膏和白玉霜两种膏体的外观。

(3)采用涂抹的方法,观察、比较雪花膏使用不同配方的膏体的涂抹性能,比较雪花膏和白玉霜两种膏体的涂抹性能。

根据产品性质和功能,用手指尖把产品分散在皮肤上,以每秒 2 圈的速度轻轻地做圆周运动,再摩擦皮肤一段时间,然后评价其效果,主要包括可分散性和吸收性。根据涂抹时感知的阻力来评估产品的可分散性:十分容易分散的为"滑润";较易分散的为"滑";难以分散的为"摩擦"。评价级别分为 1~5 级。可分散性与产品的流型、黏度、黏结性、黏弹性、胶黏性和黏着性等有关。剪切变稀程度较大的产品,可分散性较好。吸收性即产品被皮肤吸收的速度,可根据皮肤感觉变化、产品在皮肤上残留量(感触到的和可见的)和皮肤表面的变化分为快、中、慢三级进行评价。吸收性主要与油分的结构(相对分子质量大小、支链等)和组分(油、水相比例,渗透剂的存在等)有关。一般黏度较低的组分易于吸收。

五、思考题

(1)引起雪花膏和白玉霜膏体的外观差别的原因是什么?

(2)在膏体制备过程中若快速搅拌膏体,会产生何种结果?

(3)本实验方法能否放大到工业生产中? 为什么?

(4)油相和水相加热的目的是什么?

(5)在雪花膏制备过程中如果出现膏体粗糙,其原因是什么?

实验二 洗涤用品的制备

一、实验目的

(1)了解洗洁精的配方及其指标检测方法;

(2)了解洗衣粉的配方及其制备工艺。

二、实验原理

洗洁精是用量大的日用化学品之一,主要由表面活性剂复配而成,产品的检查指标包括感官和理化指标。

烷基苯磺酸与氢氧化钠发生中和反应可以得到烷基苯磺酸钠,将烷基苯磺酸钠与洗衣服的各种助剂通过搅拌、喷雾干燥可以得到洗衣粉。

三、实验案例 1:洗洁精的制备

1. 主要试剂、仪器

(1)试剂:AES(十二醇醚硫酸盐),K_{12}(十二烷基硫酸钠),6501 等。

(2)仪器:NDJ-1 型旋转黏度计、恒温烘箱、超级恒温仪、罗氏泡沫仪,50 mL、250 mL烧杯各 3 只,1500 mL 烧杯 2 只等。

2. 实验步骤

1)液体香波的制备

参考配方:AES 15%~30%,K_{12} 2%~3%,6501 5%~8%,NaCl 适量,水余量。要配制 100 g 香波,按配方计算出各种物质的用量,将 AES 加入 75 ℃水中,慢速搅拌使之溶解,依次加入 K_{12}、6501,搅拌使之溶解。温度降至 50 ℃以下后加入香精,用 NaCl 调节黏度,可用柠檬酸调整体系的 pH 值至 7.0 左右。

2)理化指标测定

(1)黏度 取适量试样,倒入 250 mL 烧杯中,使试样恒温在(25±1)℃,将 NDJ-1型旋转黏度计转子的刻度浸入试样中,且转子壁四周无气泡,在旋转 1 min 后读取数值,结果保留一位小数。

(2)泡沫 A:制备 1500 mL 硬水(称取 3.7 g 无水硫酸镁和 5.0 g 无水氯化钙,充分搅拌下使其溶解于 1500 mL 蒸馏水中)。B:将超级恒温仪预热至(40±1)℃,使罗氏泡沫仪恒温在(40±1)℃,称取 2.5 g 香波样品,加入 A 硬水 100 mL,再加入 900 mL蒸馏水至 1000 mL,加热至(40±1)℃,搅拌使样品均匀溶解,用试样液沿罗氏泡沫仪管壁冲洗一下,然后取试液放入罗氏泡沫仪底部对准标准刻度至 50 mL,再用 200 mL 定量漏斗吸取试液,固定漏斗中心位置,放下试液,立即记下泡沫高度。结果保留至整数。需要准备一把约 30 cm 长的刻度尺用于量泡沫高度。

(3)总固体　在已烘至恒重的烧杯中称取 2 g 试样(准确至 0.0001 g),于 105 ℃恒温烘箱中烘 3 h,取出放入干燥器内冷却至室温,称其质量(准确至 0.0001 g)。

$$总固体百分含量 = \frac{m_3 - m_1}{m_2 - m_1} \times 100\%$$

式中:m_1——空烧杯的质量,g;

m_2——烘干前试样和烧杯的质量,g;

m_3——烘干后残余物和烧杯的质量(保留一位小数),g。

3. 思考题

(1)在香波的制备过程中应注意哪些问题?

(2)产品作为商品还应有哪些检测内容?

(3)溶解 AES 过程中若快速搅拌,会出现何种结果?

(4)NaCl 加入本香波体系中的作用是什么?其量的多少会产生哪些影响?

四、实验案例 2:烷基苯磺酸的中和

1. 仪器和试剂

(1)试剂:烷基苯磺酸(自制或工业品)、NaOH(CP)。

(2)仪器:1000 mL 三口烧瓶(或烧杯)、500 mL 滴液漏斗、温度计(0～100 ℃)、水浴锅。

2. 实验步骤

(1)称取 100 g 烷基苯磺酸,根据烷基苯磺酸中和值计算确定 NaOH 的量,并把 NaOH 配成 15% 的 NaOH 溶液。

(2)先在三口烧瓶(或烧杯)中加入 NaOH 溶液,将烷基苯磺酸放入滴液漏斗中,装好仪器。

(3)开动搅拌器(或用手工搅拌),并升温到 40 ℃,将烷基苯磺酸通过漏斗滴加到 NaOH 溶液中,控制反应温度为 35～40 ℃(通过水浴控制);加料时间为 0.5～1 h,当烷基苯磺酸快要加完时测量 pH 值。根据单体 pH 值进行调整,反应终点控制 pH 值为 7～8。

(4)中和好后保温 15～30 min,将单体进行称量。

3. 结果检测

测定所得烷基苯磺酸的总固体、无机盐和活性物的百分含量。

4. 注意事项

(1)中和反应须在碱性环境中进行。

(2)中和反应为放热反应,控制好加料速度和反应温度,搅拌情况良好,使反应不过于激烈。

(3)中和反应结束时,将单体的 pH 值控制在 7~8。

5. 思考题

(1)影响烷基苯磺酸中和反应的主要因素有哪些?

(2)中和反应为什么必须在碱性条件下进行?

附:1. 总固体和无机盐百分含量的测定

(1)总固体百分含量的测定:精确称取摇匀后的样品 1 g 左右于已经恒重的 50 mL 烧杯中,放在红外灯下烘至恒重,冷却称重。总固体百分含量按下式计算:

$$总固体百分含量=\frac{A}{B}\times100\%$$

式中:A——烧杯增重,g;

B——样品质量,g。

(2)无机盐(包括 NaCl)百分含量=总固体百分含量-活性物百分含量。

2. 烷基苯磺酸中和值的测定

1 g 烷基苯磺酸用氢氧化钠中和时所需的氢氧化钠的质量(单位为 mg),称为烷基苯磺酸中和值,在生产中常用它来控制磺化终点。烷基苯磺酸中和值的测定原理与一般中和反应相同,在此不予叙述。

(1)仪器:150 mL 锥形瓶、50 mL 碱式滴定管。

(2)试剂:0.1 mol/L NaOH 标准溶液、酚酞指示剂。

(3)测定方法:称取 0.2~0.3 g 烷基苯磺酸于 150 mL 锥形瓶(盛有少量蒸馏水)中,加入蒸馏水 50 mL。以酚酞作指示剂,用 0.1 mol/L NaOH 标准溶液滴定到微红色。

(4)计算:

$$烷基苯磺酸中和值=\frac{c\times V\times40}{m}$$

式中:c——NaOH 标准溶液的浓度,mol/L;

V——耗用 NaOH 标准溶液的体积,mL;

m——样品质量,g。

五、实验案例 3:洗衣粉的制备

1. 仪器和试剂

(1)仪器:烧杯(800 mL、400 mL、250 mL 各 1 只)、温度计(0~100 ℃)、水浴锅、搅拌器、电炉。

(2)试剂:烷基苯磺酸钠单体(实验案例 2 制备)、$Na_5P_3O_{10}$、硅酸钠、Na_2SO_4、羧甲基纤维素钠(CMC)、荧光增白剂、对甲苯磺酸钠,以上原料为工业级。

2. 实验步骤

(1)给定条件:配制 25 型洗衣粉料浆,料浆浓度为 55%。25 型洗衣粉配方为:活性物 25％（质量分数），$Na_5P_3O_{10}$ 30％，Na_2SO_4 25％，硅酸钠 6％（干基），CMC 1.4％，对甲苯磺酸钠 3％，荧光增白剂 0.1％，其余为水分。

（2）据实验案例 2 所得单体量配制洗衣粉料浆，按照配方要求计算出每锅总固体量及各种助剂的投料量。

每锅总固体量＝（单体投料量×单体中活性物百分含量）/ 配方中活性物百分含量

料浆总量＝每锅总固体量/料浆浓度

$Na_5P_3O_{10}$ 投料量＝每锅总固体量×配方中 $Na_5P_3O_{10}$ 百分含量

硅酸钠投料量＝（每锅总固体量×配方中硅酸钠百分含量）/ 硅酸钠料液浓度

Na_2SO_4 投料量＝每锅总固体量×配方中 Na_2SO_4 百分含量

荧光增白剂投料量＝每锅总固体量×配方中荧光增白剂百分含量

CMC 投料量＝每锅总固体量×配方中 CMC 百分含量

对甲苯磺酸钠投料量＝每锅总固体量×配方中对甲苯磺酸钠百分含量

补加水量＝料浆总量－单体投料量－$Na_5P_3O_{10}$ 投料量－硅酸钠投料量－Na_2SO_4 投料量－荧光增白剂投料量－CMC 投料量－对甲苯磺酸钠投料量

（3）根据工艺要求，拟定工艺操作条件及加料顺序，提出配方及操作规程。

配料温度控制在 60～70 ℃，各物料按下述规律投料：先投难溶的料，后投易溶的料；先投密度小的料，后投密度大的料；先投用量少的料，后投用量大的料；边投料边搅拌，以达到料浆均匀一致。

注意：硅酸钠等难溶的料，应预先加少量水溶解后再投料。

（4）配料采取间歇式，按要求装置仪器，做好一切准备工作。

（5）按操作规程，进行配料实验，制备洗衣粉料浆。

3. 注意事项

(1)投料量的计算须准确。

(2)配料操作要细心，并认真注意其胶体化学变化。

(3)若做复合配方，自拟配方时须和教师商定。

4. 结果分析

测定料浆的活性物、总固体百分含量，测定料浆的泡沫和去污力。

5. 思考题

配方中各种助剂的作用是什么？

实验三　阿司匹林的合成

一、实验目的

掌握酯化反应和重结晶的原理及基本操作。

二、实验原理

阿司匹林为解热镇痛药,用于治疗伤风、感冒、头痛、发烧、神经痛、关节痛及风湿病等。近年来,又证明它具有抑制血小板凝聚的作用,其治疗范围又进一步扩大到预防血栓形成,治疗心血管疾患。阿司匹林化学名为 2-乙酰氧基苯甲酸,它为白色针状或板状结晶,熔点为 135~140 ℃,易溶于乙醇,可溶于氯仿、乙醚,微溶于水。化学结构式如下:

合成路线如下:

三、实验方法

1. 酯化

在装有搅拌棒及球形冷凝器的 100 mL 三口烧瓶中,依次加入水杨酸 10 g、醋酐 14 mL、浓硫酸 5 滴。开动搅拌器,油浴加热,待浴温升至 70 ℃时,维持在此温度反应 30 min。停止搅拌,稍冷,将反应液倾入 150 mL 冷水中,继续搅拌,至阿司匹林全部析出。抽滤,用少量稀乙醇洗涤,压干,得粗品。

2. 精制

将所得粗品置于附有球形冷凝器的 100 mL 圆底烧瓶中,加入 30 mL 乙醇,于水浴上加热至阿司匹林全部溶解,稍冷,加入活性炭回流脱色 10 min,趁热抽滤。将滤液慢慢倾入 75 mL 热水中,自然冷却至室温,析出白色结晶。待结晶析出完全后,抽滤,用少量稀乙醇洗涤,压干,置于红外灯下干燥(干燥时温度以不超过 60 ℃为宜),测熔点,计算收率。

3. 水杨酸限量检查

取阿司匹林 0.1 g,加 1 mL 乙醇溶解后,加冷水适量,制成 50 mL 溶液。立即加入 1 mL 新配制的稀硫酸铁铵溶液,摇匀;30 s 内显色,与对照液比较,不得更深(0.1%)。

对照液的制备:精密称取水杨酸 0.1 g,加少量水溶解后,加入 1 mL 冰醋酸,摇匀;加冷水适量,制成 1000 mL 溶液,摇匀。精密吸取 1 mL 对照液,加入 1 mL 乙醇、48 mL 水,以及 1 mL 新配制的稀硫酸铁铵溶液,摇匀。

稀硫酸铁铵溶液的制备:取盐酸(1 mol/L)1 mL、硫酸铁铵指示液 2 mL,加冷水适量,制成 1000 mL 溶液,摇匀。

四、结构分析

(1)红外吸收光谱法、标准物 TLC 对照法。
(2)核磁共振光谱法。

五、思考题

(1)向反应液中加入少量浓硫酸的目的是什么?是否可以不加?为什么?
(2)本反应可能发生哪些副反应?产生哪些副产物?
(3)阿司匹林精制选择溶剂依据什么原理?为何滤液要自然冷却?

实验四　六次甲基四胺(乌洛托品)的合成

一、实验目的

(1)了解六次甲基四胺的合成方法及其作用;
(2)了解六次甲基四胺的性能测试方法。

二、实验原理

乌洛托品,也称六亚甲基四胺、六次甲基四胺,是一个与金刚烷结构类似的多环杂环化合物,分子式为 $C_6H_{12}N_4$。乌洛托品是白色的晶体,可由甲醛与氨反应制备,分子中含有 4 个相互稠合的三氮杂环己烷环。乌洛托品可溶于水(20 ℃时 895 g/L),易溶于大多数有机溶剂。其结构式如下:

乌洛托品有很广泛的应用。它可用做有机合成的原料、分析化学试剂、抗生素、燃料,在化工生产中也有很多用途。乌洛托品与发烟硝酸反应生成爆炸性很强的“旋风炸药”RDX。由于甲醛和氨均有很好的反应活性,反应不需催化剂,在加热下即可快速进行。久存的甲醛常含有一些杂质,令该反应产生沉淀,应该在结晶前加以去除,以免影响产品质量。乌洛托品的水溶性大,即使是在很浓的溶液中结晶,母液中仍然留下不少产物,为了提高收率,可以直接将溶液蒸发至干,得到粉末状产品。当然,若要获得质量好的结晶产品,需要在浓缩液里冷冻结晶,剩余的母液循环套用。

三、主要试剂和仪器

(1)试剂:甲醛、氨。
(2)仪器:红外光谱仪、三口烧瓶、恒温水浴锅、搅拌器、回流冷凝管等。

四、实验步骤

(1)原料配比:氨水(25%～28%)16 mL,甲醛(37%～40%)20 mL。
(2)步骤:

①量取 20 mL 甲醛溶液放入 100 mL 烧杯中,在搅拌条件下将 16 mL 氨水慢慢滴入,该反应会微微发热,加完后再搅拌 15～20 min 至无氨味发出为止。

②将上述烧杯加热至 40 ℃左右,并保温 5 min,如果有沉淀出现,应立即趁热过

滤,将不溶物去除。

③将装有反应液的烧杯放在石棉网上加热,至余下的液体为原来的一半体积时停止蒸发,静置冷却结晶,抽滤得结晶状产物。

④余下的母液可以转入蒸发皿或大表面皿中,在沸水浴上继续蒸发至干,得到白色粉状产物。

⑤如果要得到精品,可将粗的乌洛托品集中在一起,用适量的水或含水的乙醇重结晶。纯品为白色结晶,熔点为 128～130 ℃,几乎无臭。

五、思考题

(1)本实验使用的原料甲醛如何精制?

(2)六次甲基四胺使用时的注意事项有哪些? 除作为药物,它还可有哪些用途?

(3)如何操作本实验? 如何避免氨气等对人的刺激?

实验五 扑热息痛的合成

一、实验目的

(1)通过本实验,掌握扑热息痛的性状、特点和化学性质。

(2)掌握酰化反应的原理和分馏柱的作用及操作。

二、实验原理

扑热息痛为常用的解热镇痛药,临床上用于治疗发热、头痛、神经痛、痛经等。化学名为 N-(4-羟基苯基)-乙酰胺〔N-(4-hydroxyphenyl)-acetamide〕,又称醋氨酚(acetaminophen)。本品为白色结晶或结晶性粉末,易溶于热水或乙醇,溶于丙酮,略溶于水。其化学结构如下:

$$HO-\!\!\!\!\!\!\!\!\!\!\!\!\!\!\langle\ \rangle\!\!\!\!\!\!\!-NH-\overset{\displaystyle O}{\overset{\displaystyle \|}{C}}-CH_3$$

扑热息痛以对氨基酚为原料,经醋酐酰化或醋酸酰化反应制得。但醋酐的价格较高,生产成本较高,本实验采用冰醋酸为酰化试剂。其反应式如下:

$$HO-\!\!\!\!\!\!\!\!\!\!\!\!\!\!\langle\ \rangle\!\!\!\!\!\!\!-NH_2 + CH_3COOH \longrightarrow HO-\!\!\!\!\!\!\!\!\!\!\!\!\!\!\langle\ \rangle\!\!\!\!\!\!\!-NH-\overset{\displaystyle O}{\overset{\displaystyle \|}{C}}-CH_3 + H_2O$$

三、实验方法

1. 主要原料规格及用量

主要原料规格及用量见表3-3。

表3-3 主要原料的规格和用量

名称	规格	用量	物质的量
对氨基酚	CP	10.9 g	0.1
冰醋酸	CP,相对密度为 1.045,熔点为 117~118 ℃	14 mL	0.24

2.操作

在 100 mL 圆底烧瓶中加入 10.9 g 对氨基酚、14 mL 冰醋酸,装一短的刺形分馏柱,其上端装一温度计,支管通过尾接管与接收器相连,接收器外部用冷水浴冷却。

将圆底烧瓶低压加热并搅拌,使反应物保持微沸状态回流 15 min,然后逐渐升高温度,当温度计读数达到 90 ℃左右时,支管即有液体流出。维持温度在 90～100 ℃反应约 0.5 h,生成的水及大部分醋酸已被蒸出,此时温度计读数下降,表示反应已经完成。在搅拌下趁热将反应物倒入 40 mL 冰水中,有白色固体析出。冷却后抽滤。于 100 mL 锥形瓶中加入粗品,每克粗品用 5 mL 纯水加热使溶解,稍冷后加入粗品质量 1%～2%的活性炭和 0.5 g 亚硫酸钠,脱色 10 min,趁热过滤,冷却,析出结晶,抽滤。干燥后得扑热息痛 9～11 g,熔点为 168～172 ℃。

四、思考题

(1)用醋酐做酰化试剂与醋酸做酰化试剂有何区别?反应过程中有什么副反应发生?

(2)实验中分馏柱的作用是什么?反应时为什么要控制分馏柱上端的温度在90～100 ℃?

(3)加入亚硫酸钠的目的是什么?

实验六 橙皮中柠檬烯的提取

一、实验目的

(1)了解从橙皮中提取柠檬烯的原理及方法；

(2)了解水蒸气蒸馏原理及应用。

二、实验原理

精油是植物组织经水蒸气蒸馏得到的挥发性成分的总称,大部分具有令人愉快的香味,主要组成为单萜类化合物。在工业上经常用水蒸气蒸馏的方法来收集精油,柠檬、橙子和柚子等水果果皮通过水蒸气蒸馏得到一种精油,其主要成分(90%以上)是柠檬烯。

柠檬烯属于萜类化合物。萜类化合物是指基本骨架可看做由两个或更多的异戊二烯以头尾相连而构成的一类化合物。根据分子中的碳原子数目,萜类化合物可以分为单萜、倍半萜和多萜等。柠檬烯是一环状单萜类化合物,它的结构式如下:

$$CH_3$$

$$H_2C \quad CH_3$$

分子中有一手性碳原子,故存在光学异构体。存在于水果果皮中的天然柠檬烯是以(+)或 d-的形式出现,通常称为 d-柠檬烯,它的绝对构型是 R 型。

本实验中,将从橙皮提取柠檬烯,将橙皮进行水蒸气蒸馏,用二氯甲烷萃取馏出液,然后蒸去二氯甲烷,留下的残液为橙油,主要成分是柠檬烯。分离得到的产品可以通过测定折射率、旋光度和红外、核磁共振谱进行鉴定,同时也可以用气相色谱分析产品的纯度。

三、仪器与试剂

(1)仪器:水蒸气发生器、直形冷凝管、接引管、圆底烧瓶、分液漏斗、蒸馏头、锥形瓶。

(2)试剂:新鲜橙子皮、二氯甲烷、无水硫酸钠。

四、实验步骤

将 2~3 个新鲜橙子皮剪成极小碎片后,放入 500 mL 圆底烧瓶中,加入 250 mL

水,直接进行水蒸气蒸馏。待馏液达 50～60 mL 时即可停止。这时可观察到馏出液水面上浮着一层薄薄的油层。将馏出液倒入 125 mL 分液漏斗中,每次用 10 mL 二氯甲烷萃取,萃取 3 次。将萃取液合并,放在 50 mL 锥形瓶中,用无水硫酸钠干燥。将干燥液滤入 50 mL 圆底烧瓶中。配上蒸馏头,用普通蒸馏方法水浴蒸去二氯甲烷。待二氯甲烷基本蒸完后,再用真空泵减压抽去残余的二氯甲烷,瓶中留下的少量橙黄色液体即为橙油。

纯柠檬烯的沸点为 176 ℃,折射率 $n_D = 1.4744$。

五、注意事项

(1)橙子皮要新鲜,剪成小碎片;

(2)产品中二氯甲烷一定要抽干,否则会影响产品的纯度。

六、思考题

(1)保持柠檬烯的骨架不变,写出另外几个同分异构体。

(2)能进行水蒸气蒸馏的物质必须具备哪几个条件?

实验七 苯丙乳液的合成及乳胶漆的配制

一、实验目的

(1)了解乳液聚合的特点、乳胶漆配方及各组分所起作用;

(2)掌握苯丙乳液的制备方法及用途;

(3)了解建筑涂料的配制和涂料的一般组成;

(4)了解乳液和涂膜性能的常规测试方法。

二、实验原理

苯丙乳液是苯乙烯、丙烯酸酯类、丙烯酸类的多元共聚物的简称,是一大类容易制备、性能优良、应用广泛且符合环保要求的聚合物乳液。

单体是形成聚合物的基础,决定着其乳液产品的物理、化学及机械性能。合成苯丙乳液的共聚单体中,苯乙烯、甲基丙烯酸甲酯等为硬单体,赋予乳胶膜内聚力而使其具有一定的硬度、耐磨性和结构强度;丙烯酸丁酯、丙烯酸乙酯等为软单体,赋予乳胶膜以一定的柔韧性和耐久性。丙烯酸为功能性单体,可提高附着力、润湿性和乳液稳定性,并赋予乳液一定的反应特性,如亲水性、交联性等。除了丙烯酸以外,功能性单体还有丙烯酰胺、丙烯腈等。

单体的组成,特别是硬单体与软单体的比例,会使苯丙乳液的许多性能发生变化,其中最重要的是乳胶膜的硬度和乳液的最低成膜温度会有显著的变化。共聚单体的组成与所得共聚物的玻璃化温度 T_g 的关系如下:

$$\frac{1}{T_g} = \frac{w_1}{T_{g1}} + \frac{w_2}{T_{g2}} + \cdots + \frac{w_i}{T_{gi}}$$

式中:w_i——共聚物中各单体的质量分数,%;

T_g——共聚物玻璃化温度,K;

T_{gi}——共聚物中各单体的均聚物的玻璃化温度,K。

共聚物的玻璃化温度 T_g 越高,膜就越硬;反之,T_g 越低,膜就越软。调整苯丙乳液的共聚单体种类及它们之间的比例,可合成具有不同玻璃化温度 T_g 的乳液,用于涂料、胶黏剂等行业。

本实验用苯乙烯、甲基丙烯酸甲酯、丙烯酸丁酯、丙烯酸进行四元乳液共聚,合成苯丙乳液。聚合引发剂为过硫酸钾,采用阴离子型十二烷基硫酸钠和非离子型OP-10的混合乳化剂。聚合工艺采用单体预乳化法,并连续滴加预乳化单体和引发剂溶液。

三、仪器与试剂

(1)仪器:三口烧瓶、圆底烧瓶、锥形瓶、恒温水浴锅、搅拌器、分析天平、真空泵、烘箱、差示扫描量热仪(DSC)、通氮系统、滴液漏斗、回流冷凝管等。

(2)试剂:苯乙烯、丙烯酸丁酯、丙烯酸、甲基丙烯酸甲酯、过硫酸钾、乳化剂OP-10、十二烷基硫酸钠、对苯二酚、去离子水、氨水、钛白粉、羟乙基纤维素、六偏磷酸钠等。

四、实验步骤

1. 单体预乳化

在 500 mL 圆底烧瓶中,加入 100 mL 水、1.5 g 碳酸氢钠、3.4 g 十二烷基硫酸钠、3.4 g OP-10,搅拌溶解后再依次加入 2.7 g(2.7 mL)丙烯酸、12.7 g(13.2 mL)甲基丙烯酸甲酯、27.5 g(31.1 mL)丙烯酸丁酯、28.3 g(31.4 mL)苯乙烯,室温下搅拌乳化 30 min。将大部分聚合物溶液倒入回收瓶中,反应瓶内留下约 15 g。用 15 mL 乙醇将瓶口处的溶液冲净。

2. 乳液聚合

图 3-1 乳液聚合装置

称取 1.5 g 过硫酸钾于锥形瓶中,用 30 mL 水溶解配成引发剂溶液,置于冰箱中备用。

如图 3-1 所示,在三口烧瓶中插入 Y 形管、温度计、冷凝管,加入 40 mL 单体预乳化液,搅拌并升温至 78 ℃后滴加 8 mL 引发剂溶液,约 20 min 滴完。然后同时分别滴加剩余的单体预乳化液和 14 mL 引发剂溶液,约 2.5 h 滴完。再在 30 min 内滴完剩余的 8 mL 引发剂溶液。缓慢升温至 90 ℃,熟化 1 h,冷却反应液至 60 ℃,加氨水调 pH 值到 8,出料。

3. 性能测定

(1)转化率测定 称取少量乳液(约 2 g)于培养皿中,再加入微量阻聚剂对苯二酚,放入 120 ℃烘箱中,干燥 2 h,取出冷却后称重,计算单体转化率。

(2)凝胶率测定 将制备的乳液过滤,残余物置于烘箱中烘干称重,则

$$凝胶率＝凝胶物质量/单体总质量$$

(3)化学稳定性测定 用 5% $CaCl_2$ 溶液滴定 20 mL 乳液,观察是否出现絮凝、破乳现象。

(4)玻璃化温度 T_g 测定 将一定量乳液置于烧杯中,加入甲醇,使聚合物沉淀,经洗涤和干燥后得到聚合物,用 DSC 测定玻璃化温度 T_g。

4. 乳胶漆的配制

将 20 g 去离子水、5 g 10%六偏磷酸钠水溶液、0.4 g 羟乙基纤维素加入烧杯中,

高速搅拌,逐渐加入 15 g 钛白粉和 10 g 碳酸钙。搅拌均匀后降低搅拌速度,在慢速搅拌下加入 30 mL 苯丙乳液,直至搅匀为止,即得白色涂料。

五、结果分析

(1)计算单体转化率、凝胶率;
(2)测定苯丙乳液固含量。

六、注意事项

(1)严格控制乳液聚合反应温度,以及单体滴加速度;
(2)乳胶漆配制过程中,保证各组分搅拌混合均匀,否则涂膜局部遮盖力降低。

七、思考题

(1)假设单体的转化率为 100%,计算所得的共聚物的玻璃化温度,并与实测值比较。
(2)有哪些因素会影响单体转化率?

实验八　聚醋酸乙烯酯的醇解反应

一、实验目的

(1)通过本实验,掌握醋酸乙烯酯溶液聚合方法;

(2)了解聚醋酸乙烯酯制备聚乙烯醇的方法;

(3)通过高分子转化反应,了解溶液聚合、高分子侧基反应原理及醇解度测定方法。

二、实验原理

本实验首先采用自由基溶液聚合反应制备聚醋酸乙烯酯(PVAc)。之所以选用乙醇作溶剂,是因为 PVAc 能溶于乙醇,而且聚合反应中活性链对乙醇的链转移常数较小。同时在醇解制取 PVAc 时,加入催化剂后在乙醇中经侧基转化反应即可直接进行醇解。

PVAc 的醇解可以在酸性或碱性条件下进行,目前工业上都采用碱性醇解法。

另一方面,乙醇中的水对醇解会产生阻碍作用,因为水的存在使反应体系内产生 CH_3COONa,消耗了 NaOH,而 NaOH 在此是起催化作用,因此要严格控制乙醇中水的含量。

三、仪器与试剂

(1)仪器:恒温水浴锅、电动搅拌器、回流冷凝管、滴液漏斗(100 mL)、抽滤装置、真空烘箱、三口烧瓶(250 mL)。

(2)试剂:醋酸乙烯酯、NaOH、乙醇、偶氮二异丁腈(AIBN)。

四、实验步骤

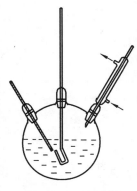

(1)聚醋酸乙烯酯(PVAc)的制备:按照图 3-2 所示搭好装置,在 250 mL 三口烧瓶中加入 20 g 乙醇、40 g 醋酸乙烯酯和 0.05 g 偶氮二异丁腈,开始搅拌。当偶氮二异丁腈完全溶解后,升温至(60±2) ℃,在此温度下反应 3 h,加入 40 g 乙醇备醇解用。

(2)将大部分聚合物溶液倒入回收瓶中,反应瓶内留下约 15 g。用 15 mL 乙醇将瓶口处的溶液冲净。

(3)醇解:在 250 mL 三口烧瓶中加入 85 mL 乙醇。开始搅拌,使聚合物溶解均匀后,在 25 ℃下慢慢滴加 5% NaOH 的乙醇溶液 2.8 mL(约 2 s 1 滴)。仔细观察反应体系,1～

图 3-2　聚合装置图

1.5 h发生相转变。这时再滴加 1.2 mL NaOH 的乙醇溶液,继续反应1 h,用布氏漏斗抽滤,所得聚醋酸乙烯醇(PVA)为白色沉淀,分别用 15 mL 乙醇洗涤 3 次。产品放在表面皿上,捣碎并尽量散开,自然干燥后放入真空烘箱中,在 50 ℃下干燥 1 h 后称重。

五、数据处理

对产品的产率进行计算。

六、思考题

(1)本实验操作中应注意哪些问题?

(2)比较乳液聚合、溶液聚合、悬浮聚合和本体聚合的特点及其优缺点。

(3)聚醋酸乙烯酯醇解反应的特点是什么? 影响醇解程度的因素有哪些?

实验九　聚乙烯醇缩醛的制备及 107 胶水的配制

一、实验目的

(1)掌握高分子反应的基本原理；

(2)掌握聚乙烯醇及其缩醛化的实施方法；

(3)了解聚乙烯醇及其缩醛化产物的用途。

二、实验原理

由于"乙烯醇"极不稳定,极易生成乙醛或环氧乙烷,不存在乙烯醇单体,因而聚乙烯醇不能直接由单体聚合而成,通常是由聚醋酸乙烯酯(PVAc)醇解(或水解)后得到聚乙烯醇。

在酸性或碱性条件下,PVAc 均可发生醇解反应。酸性醇解时,由于残留的酸液很难从产物中除去,而残留的酸可加速聚乙烯醇的脱水作用,使产物变黄或不溶于水,目前工业上一般在碱性条件下进行 PVAc 的醇解。实验中用甲醇作为醇解剂,NaOH 为催化剂,其反应式为

$$\text{+CH}_2\text{—CH}\frac{}{}_n\text{+CH}_3\text{OH} \xrightarrow{\text{NaOH}} \text{+CH}_2\text{—CH}\frac{}{}_n\text{+CH}_3\text{COOCH}_3$$
$$\quad\quad\ \ |\qquad\qquad\qquad\qquad\qquad\qquad\quad |$$
$$\text{OCOCH}_3\qquad\qquad\qquad\qquad\qquad \text{OH}$$

一般来说,聚合物的化学反应都难以完全进行,PVAc 的醇解反应也不例外,通常用醇解度来表示 PVAc 中乙酰氧基转化为羟基的百分数。当 PVAc 开始醇解时,生成的聚乙烯醇先是附着在反应容器的壁上,当有约 60％的乙酰氧基(—OCOCH$_3$)被羟基取代后,就会有大量的聚乙烯醇从溶液中析出,大分子从溶解状态变为不溶解状态,出现胶团,因此在醇解过程中要注意观察,当体系中出现冻胶时要立即强烈搅拌将其打碎,否则会因胶体内部包住的 PVAc 无法醇解而导致实验失败。

聚乙烯醇分子中含有大量的羟基,可进行醚化、酯化及缩醛化等化学反应,特别是缩醛化反应在工业上具有重要的意义,如对聚乙烯醇纤维进行缩甲醛、苄叉化等缩醛化处理后,可得到具有良好的耐水性和力学性能的维尼纶,聚乙烯醇缩甲醛还可应用于涂料、黏合剂、海绵等方面,聚乙烯醇的缩丁醛产物在涂料、黏合剂、安全玻璃等方面具有重要的应用。

聚乙烯醇缩甲醛是由聚乙烯醇在酸性条件下与甲醛缩合而成的。其反应式如下：

$$\text{CH}_2\text{O}+\text{H}^+ \Longleftrightarrow \text{C}^+ \text{H}_2\text{OH}$$

$$\begin{array}{c}-CH-CH_2-CH- +C^+H_2OH \underset{极慢}{\overset{缓慢}{\rightleftharpoons}} -CH-CH_2-CH- +H_2O\\ \quad|\qquad\qquad\quad|\qquad\qquad\qquad\qquad\qquad\quad|\qquad\qquad\quad|\\ \quad OH\qquad\qquad OH\qquad\qquad\qquad\qquad\qquad OC^+H_2\qquad OH\end{array}$$

$$\begin{array}{c}\qquad\qquad\qquad\qquad\qquad\qquad\qquad\qquad\qquad CH_2\\ \qquad\qquad\qquad\qquad\qquad\qquad\qquad\qquad\qquad/\quad\backslash\\ -CH-CH_2-CH- \underset{极慢}{\overset{迅速}{\rightleftharpoons}} -CH\qquad CH- +H^+\\ \quad|\qquad\qquad\quad|\qquad\qquad\qquad\quad\backslash\qquad/\\ \quad OC^+H_2\qquad OH\qquad\qquad\qquad O-CH_2-O\end{array}$$

由于概率效应,聚乙烯醇中邻近羟基成环后,中间往往会夹着一些无法成环的孤立的羟基,因此缩醛化反应不能进行完全。把已缩合的羟基量占原始羟基量的百分数称为缩醛度。聚乙烯醇溶于水,而反应产物聚乙烯醇缩甲醛不溶于水,因此,随着反应的进行,体系由均相体系逐渐变成非均相体系。本实验是合成水溶性聚乙烯醇缩甲醛,实验中要控制适宜的缩醛度,使体系保持均相。若反应过于猛烈,则会造成局部高缩醛度,导致不溶性物质存在于胶水中,影响胶水的质量。

三、仪器与试剂

(1)仪器:恒温水浴锅、电动搅拌器、冷凝管、温度计(0~100 ℃)、滴液漏斗、四口烧瓶(250 mL)、量筒(100 mL)、抽滤装置、真空烘箱。

(2)试剂:聚醋酸乙烯酯溶液(25%)(第三部分实验八制备),40.0 g;NaOH甲醇溶液(6%),100 mL;PVA-1799水溶液(10%),80 mL;盐酸(10%);甲醛溶液(36%),4 mL;氨水(1:2)。

四、实验步骤

1. 聚乙烯醇的制备

在装有搅拌器、冷凝管、温度计和滴液漏斗的四口烧瓶中加入100 mL 6% NaOH甲醇溶液。准确称取25%的聚醋酸乙烯酯溶液40.0 g,置于滴液漏斗中,开动搅拌器,打开滴液漏斗,在室温下缓慢滴加,约在0.5 h内滴完。继续在室温下搅拌反应2 h后,停止反应,醇解反应结束,关闭电源,取出四口烧瓶。得到的产物用布氏漏斗抽滤,获得的固体粗产品用工业乙醇洗涤3次,抽干,然后置于50 ℃真空烘箱中干燥,即可得到聚乙烯醇产品,计算产率。

2. 聚乙烯醇缩醛化制备107胶

在装有搅拌器、冷凝管、温度计和滴液漏斗的四口烧瓶中加入80 mL 10%聚乙烯醇溶液,加热至85~90 ℃,搅拌使之在烧瓶中完全溶解。降温至80 ℃,用滴管滴加10%盐酸,调节pH值至1~2,然后在约0.5 h内由滴液漏斗慢慢滴加36%甲醛溶液4 mL,继续反应0.5 h后冷却至60 ℃,用1:2氨水调节pH值至8~9,最后冷却至室温,得无色透明黏稠液体,即为107胶。称取2.0~3.0 g产品于蒸发皿中,烘干,计算固含量。

五、数据处理

(1)计算产率。
(2)计算固含量。

六、思考题

(1)什么是醇解度？实验中要控制哪些条件才能获得较高的醇解度？
(2)为什么聚乙烯醇缩醛化反应要在酸性条件下进行？
(3)聚乙烯醇的缩醛化反应最多只能有约 80% 的—OH 能缩醛化，为什么？

实验十　膨胀计法测定甲基丙烯酸甲酯自由基聚合反应速率

一、实验目的

(1)掌握用膨胀计测定自由基聚合反应速率的方法；

(2)掌握用膨胀计测定聚合反应速率的原理；

(3)测定甲基丙烯酸甲酯本体聚合反应平均聚合速率,验证聚合速率与引发剂浓度之间的关系。

二、实验原理

化学反应速率可以通过体系中任何随反应物浓度成正比例变化的性质来测量。常用的方法有化学分析、光谱、量热、折光指数、旋光性、沉淀分析及测定所生成的副产物等。由于聚合物的密度通常大于其单体的密度,因此烯类单体加成聚合反应速率可以通过测定一定量单体在聚合时体积的收缩速率而得到,这就是膨胀计法。本实验采用的膨胀计如图 3-3 所示。

选用较细长的毛细管和较大的反应容器,在聚合反应进行时比容变化的灵敏度无疑会得到提高,但太细长的毛细管加工和清洗比较困难,太大的反应器又会耗掉大量单体。一般采用的反应瓶容积为 10～30 mL,毛细管长 40～80 cm,直径为 0.5～1.0 mm。

一定量(V_0)的单体发生聚合反应,在聚合过程中,随着聚合转化率的提高,反应体系的体积 V 收缩程度也不断增大。$P = V/\Delta V_\infty$,P 是转化率,V 是膨胀计内参加反应的单体的体积,ΔV_∞ 是膨胀计内单体全部转化为聚合物时体积的变化,因此只要测出聚合过程中的体积变化,就可以换算出单体形成聚合物的转化率。绘出聚合时间-转化率图,取低转化率下的直线部分,按下式可计算出反应速率：

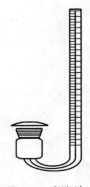

图 3-3　膨胀计

$$\frac{(P_2 - P_1)[M]}{t_2 - t_1} = R_1$$

式中：[M]——单体的浓度,mol/L；在本体聚合中 $[M] = \dfrac{d}{M} \times 10^3$,mol/L；$d$ 是单体的密度,g/mL；M 是单体的摩尔质量,g/mol；

P_2、P_1——时刻 t_2、t_1 时的转化率。

在计算转化率 P 时，$V=V_0-V_t$，V_0 是 t_0 时刻膨胀计充满液体的体积；V_t 是 t 时刻膨胀计内液体的体积；V 是指参加反应的单体的体积，$V=V_0-V_t=V_0(1-d_M/d_p)$；式中 d_M 和 d_p 分别为单体和聚合物在该温度下的密度。

本实验中，用保证其他条件都相同而仅改变引发剂浓度的方法来验证自由基聚合动力学方程中引发剂浓度和聚合反应速率的关系。

三、仪器及试剂

(1)仪器：恒温水浴锅、膨胀计、锥形瓶、秒表、电吹风、缓冲瓶、水泵。

(2)试剂：甲基丙烯酸甲酯、过氧化苯甲酰、丙酮、甲苯。

四、实验步骤

(1)将水浴升温至 70 ℃，恒温。

(2)称取引发剂过氧化苯甲酰两份：第一份为单体量的 0.1%，第二份为单体量的 0.3%。

(3)量取 20 mL 纯化的甲基丙烯酸甲酯于 100 mL 锥形瓶中，置于水槽中预热(50～70 ℃)10 min。取出锥形瓶，迅速加入上述第一份引发剂并使之溶解均匀。

(4)将上述已加入引发剂的单体立即灌满在水浴中恒温的膨胀计的反应瓶中[注意事项(1)]。塞好盖子，液柱即沿毛细管上升，溢出的少量溶液用滤纸擦去，将膨胀计固定在夹具上。调节膨胀计位置，使反应瓶活塞下方全部没入水面下并保持毛细管垂直。当液面刚开始下降时，立刻记下这时的液面高度，并按下秒表开始计时，此刻 $t=0$ min，以后每 2 min 记一次液面高度，直到液面降至毛细管最下端的刻线处。这需要 1～1.5 h。

(5)反应结束后，立即用水泵将反应物从毛细管上端抽入一缓冲瓶中。膨胀计用 10 mL 甲苯或氯仿浸泡抽洗 3 次，在抽空条件下，用电吹风吹干(切勿先用水或丙酮等洗，否则聚合物会沉淀出)。

(6)取第二份引发剂和 20 mL 甲基丙烯酸甲酯，按上述操作步骤采用同一支膨胀计再做一遍[注意事项(2)]。

(7)按原理部分给出的公式，计算出转化率，绘出聚合时间-转化率图，再根据两组反应速率的数据，找出引发剂浓度和聚合反应速率之间的关系，也可以编制出简单的计算机程序，输入数据，在微处理机上算出结果，并打印出数据。

五、注意事项

(1)实验前须对膨胀计的反应瓶体积和毛细管刻度进行校准，并检查活塞是否漏气。如磨口接头沾有聚合物，可用纸沾少量苯将其擦去。

(2)因采用同一支膨胀计进行了两次反应，因而单位时间内液面下降的高度之比也可以看做它们的聚合反应速率之比。

(3)数据处理：见表 3-4。

表 3-4　实验数据处理表

毛细管直径：_____　　　　　膨胀计体积(毛细管刻度以下)：_____

t	V_t	ΔV_∞	V	$P=V/\Delta V_\infty$

六、思考题

(1)膨胀计法测定聚合反应速率时能否采用偶氮二异丁腈作引发剂？为什么？

(2)膨胀计法能否用于测定缩聚反应速率？为什么？

实验十一 用浊点滴定法测定聚合物的溶解度参数

一、实验目的

(1)学习用浊点滴定法测定聚合物的溶解度参数；

(2)了解溶解度参数的基本概念和实用意义；

(3)了解聚合物在溶剂中的溶解情况。

二、实验原理

在二元互溶体系中，只要某聚合物的溶解度参数 δ_p 在两种互溶溶剂的 δ 值的范围内，便可能调节这两种互溶溶剂的混合溶剂的溶解度参数 δ_{sm}，使之和 δ_p 很接近，这样，只要把两种互溶溶剂按照一定的百分比配制成混合溶剂，该混合溶剂的溶解度参数 δ_{sm} 可近似地表示为

$$\delta_{sm} = \Phi_1 \delta_1 + \Phi_2 \delta_2 \tag{1}$$

式中：Φ_1、Φ_2——溶液中组分 1、组分 2 的体积分数。

浊点滴定法是将待测聚合物溶于某一溶剂中，然后用沉淀剂(能与该溶剂混溶)来滴定，直至溶液开始出现混浊为止。这样，便得到在混浊点混合溶剂的溶解度参数 δ_{sm} 值。

聚合物溶于二元互溶溶剂的体系中，允许体系的溶解度参数有一个范围。本实验中选用两种具有不同溶解度参数的沉淀剂来滴定聚合物溶液，这样得到溶解该聚合物混合溶剂参数的上限和下限，然后取其平均值，即为聚合物的 δ_p 值。

$$\delta_p = \frac{1}{2} \times (\delta_{mh} + \delta_{ml}) \tag{2}$$

式中：δ_{mh}、δ_{ml}——用高、低溶解度参数的沉淀剂滴定聚合物溶液，在混浊点时混合溶剂的溶解度参数。

三、仪器及试剂

(1)仪器：10 mL 自动滴定管 2 个(也可用普通滴定管代用)，大试管(ϕ25 mm×200 mm)4 支，5 mL 和 10 mL 移液管各 1 支，5 mL 容量瓶 1 个，50 mL 烧杯 1 只。

(2)试剂：粉末状聚苯乙烯样品、氯仿、正戊烷、甲醇。

四、实验步骤

(1)溶剂和沉淀剂的选择：首先确定聚合物样品溶解度参数 δ_p 的范围。取少量

样品,在不同 δ 的溶剂中做溶解实验,在室温下如果不溶或溶解较慢,可以把聚合物和溶剂一起加热,并把热溶液冷却至室温,如不析出沉淀才认为是可溶的。从中挑选合适的溶剂和沉淀剂。

(2)根据选定的溶剂配制聚合物溶液:称取 0.2 g 左右的聚合物样品(本实验采用聚苯乙烯)溶于 25 mL 的溶剂中(用氯仿作溶剂)。用移液管吸取 5 mL(或 10 mL)溶液,置于一试管中,先用正戊烷滴定聚合物溶液,出现沉淀。振荡试管,使沉淀溶解。继续滴入正戊烷,沉淀溶解难度逐渐增大。滴定至出现的沉淀刚好无法溶解为止,记下用去的正戊烷体积。再用甲醇滴定,操作同正戊烷,记下所用甲醇体积。

(3)分别称取 0.1 g、0.05 g 左右的上述聚合物样品,溶于 25 mL 的溶剂中,同上操作进行滴定。

五、数据处理

(1)根据式(1)计算混合溶剂的溶解度参数 δ_{mh} 和 δ_{ml}。

(2)由式(2)计算聚合物的溶解度参数 δ_p。

六、思考题

(1)在用浊点滴定法测定聚合物溶解度参数时,应根据什么原则考虑适当的溶剂及沉淀剂?

(2)溶剂与聚合物之间溶解度参数相近是否一定能保证两者相溶?为什么?

附 录

附录 A 单 位 换 算

在化工实验、数据处理和模型计算过程中涉及的量纲较多,国外很多文献仍习惯于采用英制单位,为方便进行各物理量之间的换算,下面列出常用物理量的国际标准和英制标准的量纲换算。

【面积换算】

1 平方公里(km^2)=100 公顷(ha)=247.1 英亩(acre)=0.386 平方英里($mile^2$)

1 平方米(m^2)=10.764 平方英尺(ft^2)

1 平方英寸(in^2)=6.452 平方厘米(cm^2)

1 公顷(ha)=10000 平方米(m^2)=2.471 英亩(acre)

1 英亩(acre)=0.4047 公顷(ha)=4.047×10^{-3}平方公里(km^2)=4047 平方米(m^2)

1 平方英尺(ft^2)=0.093 平方米(m^2)

1 平方米(m^2)=10.764 平方英尺(ft^2)

1 平方码(yd^2)=0.8361 平方米(m^2)

1 平方英里($mile^2$)=2.590 平方公里(km^2)

【体积换算】

1 美吉耳(gi)=0.118 升(L)

1 美品脱(pt)=0.473 升(L)

1 美夸脱(qt)=0.946 升(L)

1 美加仑(gal)=3.785 升(L)

1 桶(bbl)=0.159 立方米(m^3)=42 美加仑(gal)

1 英亩·英尺=1234 立方米(m^3)

1 立方英寸(in^3)=16.3871 立方厘米(cm^3)

1 英加仑(gal)=4.546 升(L)

1 立方英尺(ft^3)=0.0283 立方米(m^3)=28.317 升(L)

1 立方米(m^3)=1000 升(L)=35.315 立方英尺(ft^3)=6.29 桶(bbl)

【长度换算】

1 千米(km)=0.621 英里(mile)

1 米(m)＝3.281 英尺(ft)＝1.094 码(yd)

1 厘米(cm)＝0.394 英寸(in)

1 英寸(in)＝2.54 厘米(cm)

1 海里(n mile)＝1.852 千米(km)

1 英寻(fm)＝1.829(m)

1 码(yd)＝3 英尺(ft)

1 杆(rad)＝16.5 英尺(ft)

1 英里(mile)＝1.609 千米(km)

1 英尺(ft)＝12 英寸(in)

1 英里(mile)＝5280 英尺(ft)

1 海里(n mile)＝1.1516 英里(mile)

【质量换算】

1 长吨(long ton)＝1.016 吨(t)

1 千克(kg)＝2.205 磅(lb)

1 磅(lb)＝0.454 千克(kg)[常衡]

1 盎司(oz)＝28.350 克(g)

1 短吨(sh. ton)＝0.907 吨(t)＝2000 磅(lb)

1 吨(t)＝1000 千克(kg)＝2205 磅(lb)＝1.102 短吨(sh. ton)＝0.984 长吨(long ton)

【密度换算】

1 磅/立方英尺(lb/ft³)＝16.02 千克/立方米(kg/m³)

API 度＝141.5/15.5 ℃时的密度－131.5

1 磅/英加仑(lb/gal)＝99.776 千克/立方米(kg/m³)

1 波美密度(°Bé)＝140/15.5 ℃时的密度－130

1 磅/立方英寸(lb/in³)＝27679.9 千克/立方米(kg/m³)

1 磅/美加仑(lb/gal)＝119.826 千克/立方米(kg/m³)

1 磅/(石油)桶(lb/bbl)＝2.853 千克/立方米(kg/m³)

1 千克/立方米(kg/m³)＝0.001 克/立方厘米(g/cm³)＝0.0624 磅/立方英尺(lb/ft³)

【运动黏度换算】

1 斯(St)＝10^{-4} 平方米/秒(m²/s)＝1 平方厘米/秒(cm²/s)

1 平方英尺/秒(ft²/s)＝$9.29030×10^{-2}$ 平方米/秒(m²/s)

1 厘斯(cSt)＝10^{-6} 平方米/秒(m²/s)＝1 平方毫米/秒(mm²/s)

【动力黏度换算】

1 泊(P)＝0.1 帕·秒(Pa·s)

1 厘泊(cP)=10^{-3}帕·秒(Pa·s)

1 磅力秒/平方英尺(lbf·s/ft²)=47.8803 帕·秒(Pa·s)

1 千克力秒/平方米(kgf·s/m²)=9.80665 帕·秒(Pa·s)

【力换算】

1 牛顿(N)=0.225 磅力(lbf)=0.102 千克力(kgf)

1 千克力(kgf)=9.81 牛(N)

1 磅力(lbf)=4.45 牛顿(N)

1 达因(dyn)=10^{-5}牛顿(N)

【温度换算】

$n\,\mathrm{K}=\frac{5}{9}(n+459.67)\,°\mathrm{F}$

$n\,\mathrm{K}=n\,℃+273.15\,℃$

$n\,℃=(\frac{5}{9}n+32)\,°\mathrm{F}$

$n\,°\mathrm{F}=[(n-32)\times\frac{5}{9}]℃$

$1\,°\mathrm{F}=\frac{5}{9}\,℃$(温度差)

【压力换算】

1 巴(bar)=10^5帕(Pa)

1 达因/平方厘米(dyn/cm²)=0.1 帕(Pa)

1 托(Torr)=133.322 帕(Pa)

1 毫米汞柱(mmHg)=133.322 帕(Pa)

1 毫米水柱(mmH₂O)=9.80665 帕(Pa)

1 工程大气压=98.0665 千帕(kPa)

1 千帕(kPa)=0.145 磅力/平方英寸(psi)=0.0102 千克力/平方厘米(kgf/cm²)=0.0098 大气压(atm)

1 磅力/平方英寸(psi)=6.895 千帕(kPa)=0.0703 千克力/平方厘米(kg/cm²)=0.0689 巴(bar)=0.068 大气压(atm)

1 物理大气压(atm)=101.325 千帕(kPa)=14.696 磅/平方英寸(psi)=1.0333 巴(bar)

【传热系数换算】

1 千卡/(平方米·时)[kcal/(m²·h)]=1.16279 瓦/平方米(W/m²)

1 千卡/(平方米·时·℃)[kcal/(m²·h·℃)]=1.16279 瓦/(平方米·开尔

文)[W/(m² · K)]

1 英热单位/(平方英尺·时· ℉)[Btu/(ft² · h · ℉)]＝5.67826 瓦/(平方米·开尔文)[(W/m² · K)]

1 平方米 · 时 · ℃/千卡(m² · h · ℃/kcal)]＝0.86000 平方米 · 开尔文/瓦(m² · K/W)

【热导率换算】

1 千卡/(米·时·℃)[kcal/(m · h · ℃)]＝1.16279 瓦/(米·开尔文)[W/(m · K)]

1 英热单位/(英尺·时· ℉)[Btu/(ft · h · ℉)]＝1.7303 瓦/(米·开尔文)[W/(m · K)]

【比热容换算】

1 千卡/(千克·℃)[kcal/(kg · ℃)]＝1 英热单位/(磅· ℉)[Btu/(lb · ℉)]＝4186.8 焦耳/(千克·开尔文)[J/(kg · K)]

【热功换算】

1 卡(cal)＝4.1868 焦耳(J)

1 大卡＝4186.75 焦耳(J)

1 千克力米(kgf · m)＝9.80665 焦耳(J)

1 英热单位(Btu)＝1055.06 焦耳(J)

1 千瓦小时(kW · h)＝3.6×10⁶ 焦耳(J)

1 英尺磅力(ft · lbf)＝1.35582 焦耳(J)

1 公制马力小时(hp · h)＝2.64779×10⁶ 焦耳(J)

1 英马力小时(UKHp · h)＝2.68452×10⁶ 焦耳(J)

【功率换算】

1 英热单位/时(Btu/h)＝0.293071 瓦(W)

1 千克力米/秒(kgf · m/s)＝9.80665 瓦(W)

1 卡/秒(cal/s)＝4.1868 瓦(W)

1 公制马力(hp)＝735.499 瓦(W)

【速度换算】

1 英里/时(mile/h)＝0.44704 米/秒(m/s)

1 英尺/秒(ft/s)＝0.3048 米/秒(m/s)

【渗透率换算】

1 达西(D)＝1000 毫达西(mD)

1 平方厘米(cm²)＝9.81×10⁷ 达西(D)

附录 B 常用正交表

L₄(2³)

列号 实验号	1	2	3
1	1	1	1
2	1	2	2
3	2	1	2
4	2	2	1

L₈(2⁷)

列号 实验号	1	2	3	4	5	6	7
1	1	1	1	1	1	1	1
2	1	1	1	2	2	2	2
3	1	2	2	1	1	2	2
4	1	2	2	2	2	1	1
5	2	1	2	1	2	1	2
6	2	1	2	2	1	2	1
7	2	2	1	1	2	2	1
8	2	2	1	2	1	1	2

L₁₂(2¹¹)

列号 实验号	1	2	3	4	5	6	7	8	9	10	11
1	1	1	1	1	1	1	1	1	1	1	1
2	1	1	1	1	1	2	2	2	2	2	2
3	1	1	2	2	2	1	1	1	2	2	2
4	1	2	1	2	2	1	2	2	1	1	2
5	1	2	2	1	2	2	1	2	1	2	1

续表

列号 实验号	1	2	3	4	5	6	7	8	9	10	11
6	1	2	2	2	1	2	2	1	2	1	1
7	2	1	2	2	1	1	2	2	1	2	1
8	2	1	2	1	2	2	2	1	1	1	2
9	2	1	1	2	2	2	1	2	2	1	1
10	2	2	2	1	1	1	1	2	2	1	2
11	2	2	1	2	1	2	1	1	1	2	2
12	2	2	1	1	2	1	2	1	2	2	1

$L_9(3^4)$

列号 实验号	1	2	3	4
1	1	1	1	1
2	1	2	2	2
3	1	3	3	3
4	2	1	2	3
5	2	2	3	1
6	2	3	1	2
7	3	1	3	2
8	3	2	1	3
9	3	3	2	1

$L_{16}(4^5)$

列号 实验号	1	2	3	4	5
1	1	1	1	1	1
2	1	2	2	2	2
3	1	3	3	3	3
4	1	4	4	4	4
5	2	1	2	3	4
6	2	2	1	4	3
7	2	3	4	1	2

列号 实验号	1	2	3	4	5
8	2	4	3	2	1
9	3	1	3	4	2
10	3	2	4	3	1
11	3	3	1	2	4
12	3	4	2	1	3
13	4	1	4	2	3
14	4	2	3	1	4
15	4	3	2	4	1
16	4	4	1	3	2

$$L_{25}(5^6)$$

列号 实验号	1	2	3	4	5	6
1	1	1	1	1	1	1
2	1	2	2	2	2	2
3	1	3	3	3	3	3
4	1	4	4	4	4	4
5	1	5	5	5	5	5
6	2	1	2	3	4	5
7	2	2	3	4	5	1
8	2	3	4	5	1	2
9	2	4	5	1	2	3
10	2	5	1	2	3	4
11	3	1	3	5	2	4
12	3	2	4	1	3	5
13	3	3	5	2	4	1
14	3	4	1	3	5	2
15	3	5	2	4	1	3
16	4	1	4	2	5	3

续表

列号 实验号	1	2	3	4	5	6
17	4	2	5	3	1	4
18	4	3	1	4	2	5
19	4	4	2	5	3	1
20	4	5	3	1	4	2
21	5	1	5	4	3	2
22	5	2	1	5	4	3
23	5	3	2	1	5	4
24	5	4	3	2	1	5
25	5	5	4	3	2	1

$$L_8(4 \times 2^4)$$

列号 实验号	1	2	3	4	5
1	1	1	1	1	1
2	1	2	2	2	2
3	2	1	1	2	2
4	2	2	2	1	1
5	3	1	2	1	2
6	3	2	1	2	1
7	4	1	2	2	1
8	4	2	1	1	2

$$L_{12}(3 \times 2^4)$$

列号 实验号	1	2	3	4	5
1	1	1	1	1	1
2	1	1	1	2	2
3	1	2	2	1	2
4	1	2	2	2	1
5	2	1	2	1	1

列号 实验号	1	2	3	4	5
6	2	1	2	2	2
7	2	2	1	2	2
8	2	2	1	2	2
9	3	1	2	1	2
10	3	1	1	2	1
11	3	2	1	1	2
12	3	2	2	2	1

$$L_{16}(4^4 \times 2^3)$$

列号 实验号	1	2	3	4	5	6	7
1	1	1	1	1	1	1	1
2	1	2	2	2	1	2	2
3	1	3	3	3	2	1	2
4	1	4	4	4	2	2	1
5	2	1	2	3	2	2	1
6	2	2	1	4	2	1	2
7	2	3	4	1	1	2	2
8	2	4	3	2	1	1	1
9	3	1	3	4	1	2	2
10	3	2	4	3	1	1	1
11	3	3	1	2	2	2	1
12	3	4	2	1	2	1	2
13	4	1	4	2	2	1	2
14	4	2	3	1	2	2	1
15	4	3	2	4	1	1	1
16	4	4	1	3	1	2	2

附录 C　常用均匀设计表

U₅(5³) → $U_5(5^3)$

实验号 ＼ 列号	1	2	3
1	1	2	4
2	2	4	3
3	3	1	2
4	4	3	1
5	5	5	5

$U_5(5^4)$

实验号 ＼ 列号	1	2	3	4
1	1	2	3	4
2	2	4	1	3
3	3	1	4	2
4	4	3	2	1
5	5	5	5	5

$U_6(6^4)$

实验号 ＼ 列号	1	2	3	4
1	1	2	3	6
2	2	4	6	5
3	3	6	2	4
4	4	1	5	3
5	5	3	1	2
6	6	5	4	1

$U_6{}^*(6^4)$

列号 实验号	1	2	3	4
1	1	2	3	6
2	2	4	6	5
3	3	6	2	4
4	4	1	5	3
5	5	3	4	2
6	6	5	1	1

$U_6(6^6)$

列号 实验号	1	2	3	4	5	6
1	1	2	3	4	5	6
2	2	4	6	1	3	5
3	3	6	2	5	1	4
4	4	1	5	2	6	3
5	5	3	1	6	4	2
6	6	5	4	3	2	1

$U_7(7^4)$

列号 实验号	1	2	3	4
1	1	2	3	6
2	2	4	6	5
3	3	6	2	4
4	4	1	5	3
5	5	3	1	2
6	6	5	4	1
7	7	7	7	7

$$U_7{}^*(7^4)$$

列号 实验号	1	2	3	4
1	1	3	5	7
2	2	6	2	6
3	3	1	7	5
4	4	4	4	4
5	5	7	1	3
6	6	2	6	2
7	7	5	3	1

$$U_7(7^6)$$

列号 实验号	1	2	3	4	5	6
1	1	2	3	4	5	6
2	2	4	6	1	3	5
3	3	6	2	5	1	4
4	4	1	5	2	6	3
5	5	3	1	6	4	2
6	6	5	4	3	2	1
7	7	7	7	7	7	7

$$U_9(9^6)$$

列号 实验号	1	2	3	4	5	6
1	1	2	4	5	7	8
2	2	4	8	1	5	7
3	3	6	3	6	3	6
4	4	8	7	2	1	5
5	5	1	2	7	2	4
6	6	3	6	3	6	3
7	7	5	1	8	4	2
8	8	7	5	4	2	1
9	9	9	9	9	9	9

$U_{10}(10^8)$

列号\实验号	1	2	3	4	5	6	7	8
1	1	2	3	4	5	7	9	10
2	2	4	6	8	10	3	7	9
3	3	6	9	1	4	10	5	8
4	4	8	1	5	9	6	3	7
5	5	10	4	9	3	2	1	6
6	6	1	7	2	8	9	10	5
7	7	3	10	6	2	5	8	4
8	8	5	2	10	7	1	6	3
9	9	7	5	3	1	8	4	2
10	10	9	8	7	6	4	2	1

附录 D 常见液体物性数据

名称	化学式	相对分子质量	密度/(g/cm⁻³)(20℃)	熔点/℃	沸点/℃	爆炸极限/(%)(常压,20℃)	闪点/℃	自燃温度/℃	比热容/[J/(g·℃)]	临界温度/℃	临界压力/MPa	相对蒸气密度(空气为1)	饱和蒸气压/kPa	燃烧热/(kJ/mol)	折射率	辛醇-水分配系数的对数值
水	H_2O	18	0.998	0	100	—	—	374.2	4.186	374.2	22.798	—	3.045 (23.9 ℃)	—	1.33333	—
甲醇	CH_3OH	32.04	0.792	−97.8	64.5	6~36.5	12.22	463.89	2.5	240	8.09	1.11	13.33 (21.2 ℃)	725.76	1.44	—
乙醇	C_2H_5OH	46.07	0.816	−114.3	78.4	3.3~19.0	12	363	2.4	243.1	6.38	1.59	5.33 (19 ℃)	1365.5	1.3614	0.32
液氨	NH_3	17.04	0.6028	−77.7	−33.41	16~25	—	651.11	—	132.25	11.333	—	882 (20 ℃)	—	—	—
双氧水	H_2O_2	34.01	1.13	−0.43	150.2	26~100	107	—	—	—	20.99	—	—	—	1.335	−1.36
甘油	$C_3H_8O_3$	92.09	1.2633	20	290	—	177	370	2.4	—	—	3.1	0.4 (20 ℃)	—	—	—
乙酸	$C_2O_2H_4$	60.05	1.049	16~17	118~119	4.0~16.0	40	400	123.1	321.5	0.579	2.07	—	873.7	1.3716	~−0.31 ~0.17
丙酮	C_3H_6O	58.08	0.8	−94.6	56.5	2.5~13.0	−20	465	2.2	235.5	4.72	2	53.32 (39.5 ℃)	1788.7	1.3588	−0.24

续表

名称	化学式	相对分子质量	密度/(g/cm⁻³)(20℃)	熔点/℃	沸点/℃	爆炸极限/(%)(常压,20℃)	闪点/℃	自燃温度/℃	比热容/[J/(g·℃)]	临界温度/℃	临界压力/MPa	相对蒸气密度(空气为1)	饱和蒸气压/kPa	燃烧热/(kJ/mol)	折射率	辛醇-水分配系数的对数值
氯仿	CHCl₃	119.38	1.5	−63.5	61.3	—	—	263.4	1.189	263.4	5.47	4.12	13.33(10.4℃)	402.23	1.4431	1.97
苯	C₆H₆	78.11	0.8786	5.51	80.1	1.2~8	−10.11	562.22	2.05	288.94	4.92	2.77	13.33	3264.4	1.501	—
甲苯	C₇H₈	92.14	0.87	−94.9	110.6	1.2~7.0	4	318.6	1.7	318.6	4.11	3.14	4.89(30℃)	3905	1.4961	2.69
四氯化碳	CCl₄	153.84	1.6	−22.6	76.8	—	—	283.2	0.85	283.2	4.558	5.3	13.33(23℃)	364.9	1.459~1.46	2.6
硫酸	H₂SO₄	98	1.84	10	338	—	—	—	1.13	—	—	2.7	0.007887(25℃)	—	1.42879	—
盐酸	HCl	36.46	1.2	−114.8	108.6	—	—	—	4.18	—	—	1.26	30.66(21℃)	—	—	—
硝酸	HNO₃	63.012	1.51	−42	83	—	—	—	1.47	—	—	2.17	0.7315(20℃)	—	—	—

附录 E 常见气体物性数据

名称	化学式	密度/(kg/m³)(标准状况)	相对原子质量或相对分子质量	气体常数/[(kg·m)/(kg·℃)]	比热容[kcal/(kg·℃)](20℃,1atm)			黏度×10⁴/cP	沸点/℃(760mmHg)	汽化潜热/(kcal/kg)(760mmHg)	临界点			热导率/[kcal/(m·h·℃)](标准状况)	熔点/℃	熔融热/(cal/g)	液态密度	
					c_p	c_v	$k=\dfrac{c_p}{c_v}$				温度/℃	压力/atm	密度/(kg/m³)				温度/℃	密度/(g/cm³)
氮	N_2	1.2507	28.02	30.26	0.250	0.178	1.4	170 (114)	−195.78	47.58	−147.13	33.49	310.96	0.0196	−209.86	6.1	−196	0.808
氨	NH_3	0.771	17.03	49.79	0.53	0.4	1.29	918 (626)	−33.4	328	132.4	111.5	236	0.0185	−77.7	83.7	−33	0.683
氩	Ar	1.782	39.94	21.26	0.127	0.077	1.66	209 (142)	−185.87	38.9	−122.4	48.00	−531	0.0149	—	—	—	—
乙炔	C_2H_2	1.171	26.02	32.59	0.402	0.323	1.24	93.5 (198)	−83.66	198	35.7	61.6	231	0.0158	—	—	—	—
苯	C_6H_6	—	78.05	10.85	0.299	0.272	1.1	72	+80.2	94	288.5	47.7	330	0.0076	—	—	—	—
正丁烷	C_4H_{10}	2.673	58.08	14.6	0.458	0.414	1.108	81 (377)	−0.5	92.3	152	37.5	225	0.0116	—	—	—	—
空气	—	1.293	(28.95)	29.27	0.241	0.172	1.4	173 (124)	−192 ~−195	47	−140.75 (−140.65)	37.25 (37.17)	310~ 350	0.021	−213	—	−192	0.860
水蒸气	H_2O	1	18.02	47	—	—	—	125.5 (100)	100	595.9	—	—	—	—	0	79.67	4	1.00
氢	H_2	0.08985	2.016	420.6	3.408	2.42	1.407	84.2 (73)	−252.754	108.5	−239.9	12.80	31	0.140	−259.14	14	−252	0.0709

名称	化学式	密度/(kg/m³)(标准状况)	相对原子质量或相对分子质量	气体常数/[(kg·m)/(kg·℃)]	比热容/[kcal/(kg·℃)](20℃,1 atm) c_p	比热容/[kcal/(kg·℃)](20℃,1 atm) c_V	$k=\frac{c_p}{c_V}$	黏度 $c_p×10^4/cP$	沸点/℃(760 mm Hg)	汽化潜热/(kcal/kg)(760 mm Hg)	临界点 温度/℃	临界点 压力/atm	临界点 密度/(kg/m³)	热导率/[kcal/(m·h·℃)](标准状况)	熔点/℃	熔融热/(cal/g)	液态密度 温度/℃	液态密度 密度/(g/cm³)
氦	He	0.1785	4.002	212	1.26	0.76	1.66	188 (78)	−268.05	4.66	−267.96	2.26	69.3	0.124	−272.2	—	—	—
一氧化氮	NO	1.3402	30.01	28.26	0.2329 (15)	—	—	187.6 (20)	−151.8	106.6	—	—	—	0.0190	−163.6	18.4	−89	1.226
二氧化氮	NO₂	1.491	46.01	18.4	0.192	0.147	1.31	—	21.2	170.0	158.2	100.0	570	0.0344	−11.2	37.2 32.3	—	—
氧	O₂	1.42895	32	26.5	0.218	0.156	1.4	203 (131)	−182.98	50.92	−118.82	49.713	429.9	0.0206	−218.4	3.3	−183	1.140
甲烷	CH₄	0.717	16.03	52.9	0.531	0.406	1.31	103 (162)	−161.58	122	−82.15	45.6	162	0.0258	—	—	—	—
一氧化碳	CO	1.25	28	30.29	0.25	0.18	1.4	166 (100)	−191.48	50.5	−140.2	34.53	311	0.0194	−207.0	8.0	−191	0.814
二氧化碳	CO₂	1.976	44	19.27	0.2	0.156	1.3	137 (254)	−72.8	137	31.1	72.9	460	0.0118	−56.6	45.3	−50	1.155
正戊烷	C₅H₁₂	—	72.1	11.75	0.41	0.376	1	87.4	36.08	86	197.1	33	232	0.011	—	—	—	—
丙烷	C₃H₈	2.02	44.06	19.25	0.445	0.394	1.13	79.5(18℃时278)	−42.1	102	95.6	43	232	0.0127	—	—	—	—
丙烯	C₃H₈	1.914	42.05	20.19	0.39	0.343	1.17	83.5(20℃时322)	−47.7	105	91.4	45.4	233	—	—	—	—	—
硫化氢	H₂S	1.539	34.09	24.9	0.253	0.192	1.3	116.6	−60.2	131	100.4	188.9	—	0.0113	—	—	—	—

续表

名称	化学式	密度/(kg/m³)(标准状况)	相对原子质量或相对分子质量（分子质量）	气体常数/[(kg·m)/(kg·℃)]	比热容/[kcal/(kg·℃)](20℃,1 atm) c_p	c_v	$k=\dfrac{c_p}{c_v}$	黏度 $c_p\times10^4/cP$	沸点/℃(760 mm Hg)	汽化潜热/(kcal/kg)(760 mm Hg)	临界点 温度/℃	压力/atm	密度/(kg/m³)	热导率/[kcal/(m·h·℃)](标准状况)	熔点/℃	熔融热/(cal/g)	液态密度 温度/℃	密度/(g/cm³)
二氧化硫	SO₂	2.927	64.06	13.24	0.151	0.12	1.25	117 (396)	−10.8	94	157.5	77.78	520	0.0066	—	—	—	—
三氧化硫	SO₃	2.75	80.07	10.57	—	—	—	—	44.8	118.5(53)	—	—	—	—	16.83	—	—	—
氯	Cl₂	3.217	70.91	11.96	0.115	0.0848	1.36	129(16℃)	−33.8	72.95	144	76.1	573	0.0062	−103±5	30.1	0	1.469
氯甲烷	CH₃Cl	2.308	50.48	16.8	0.117	0.139	1.28	98.9 (454)	−24.1	96.9	148	66	370	0.0073	−44.5	24.1	—	—
乙烷	C₂H₆	1.357	30.06	28.21	0.413	0.345	1.2	85 (287)	−88.5	116	32.1	48.85	210	0.0155	—	—	—	—
乙烯	C₂H₄	1.261	28.03	30.25	0.363	0.292	1.25	98.5 (241)	−103.7	115	9.7	50.7	220	0.0141	—	—	—	—
氯化氢	HCl	1.639	36.47	23.3	0.1839 (15)	—	—	142.6 (18)	−83.7	98.7 (−84.3)	—	—	—	—	−112	13.9	—	—
氟	F₂	1.6354	38	22.3	—	—	—	—	−187	40.52 (−187)	—	—	—	—	—	—	—	—
氟化氢	HF	0.9218	20.01	42.3	—	—	—	—	19.4	372.76 (19.4)	—	—	—	—	−83	—	—	—

参 考 文 献

[1] 曹贵平,朱中南,戴迎春.化工实验设计与数据处理[M].上海:华东理工大学出版社,2009.

[2] 费业泰.误差理论与数据处理[M].北京:机械工业出版社,2010.

[3] 李云雁,胡传荣.试验设计与数据处理[M].北京:化学工业出版社,2008.

[4] 朱丙辰.化学反应工程[M].北京:化学工业出版社,2012.

[5] 王尚第,孙俊全.催化剂工程导论[M].北京:化学工业出版社,2012.

[6] 黄向红.精细化工实验[M].北京:化学工业出版社,2012.

[7] 陶春元.精细化工实验技术[M].北京:化学工业出版社,2009.

[8] 龚盛昭,税永红.精细化工实验与实训[M].北京:科学出版社,2008.

[9] 王世荣,李祥高,刘东志.表面活性剂化学[M].北京:化学工业出版社,2012.

[10] 杜维.过程检测技术及仪表[M].北京:化学工业出版社,1999.

[11] 方康玲.过程控制系统[M].武汉:武汉理工大学出版社,2007.

[12] 乐清华.化学工程与工艺专业实验[M].北京:化学工业出版社,2008.

[13] 赵德智,封瑞江.化学工程与工艺专业实验及指导[M].北京:中国石化出版社,2009.

[14] 王艳花.化工基础实验[M].北京:化学工业出版社,2012.

[15] 杨节芳,周艳,增嵘.化工技术基础实验[M].北京:化学工业出版社,2011.